普通高等教育"十三五"计算机类规划教材

新概念 Python 程序设计

张基温　编著

机 械 工 业 出 版 社

本书是一本 Python 基础教材。全书以 Python 3.6.1 为蓝本，分为五章。

第 1 章介绍如何在 Python 交互模式下模仿计算器，从简单计算，到使用内置函数计算和应用变量进行计算，再到使用选择结构和循环结构进行较复杂计算，并在其中穿插介绍基本数据类型的用法，最后以迭代和穷举收官，带领读者迈进 Python 殿堂。

第 2 章从正常处理和异常处理两个角度介绍 Python 程序过程的两种基本组织形式：函数和异常处理，并介绍与之相关的命名空间和作用域的概念。第 3 章介绍 Python 容器。第 4 章介绍类与对象、类的内置属性、方法与函数、类的继承。通过这三章的介绍，读者可夯实 Python 编程基础。

第 5 章通过数据文件、数据库、Socket 编程、Web 应用和大数据开发的介绍，读者可进一步提升 Python 应用开发的能力。

本书力求内容精练、概念准确、例题典型、代码简洁、习题丰富全面，适合教也容易学。同时，以二维码链接方式提供了知识扩充，为读者创建丰富而友好的学习环境。

本书适合初学 Python 语言的读者使用，也适合作为各类大专院校的教材，同时也可作为对 Python 感兴趣的读者的自学参考书。

图书在版编目（CIP）数据

新概念 Python 程序设计 / 张基温编著 . —北京：
机械工业出版社，2019.5
普通高等教育"十三五"计算机类规划教材
ISBN 978-7-111-62486-8

Ⅰ . ①新… Ⅱ . ①张… Ⅲ . ①软件工具—程序设计—
高等学校—教材 Ⅳ . ① TP311.561

中国版本图书馆 CIP 数据核字（2019）第 068500 号

机械工业出版社（北京市百万庄大街 22 号 邮政编码 100037）
策划编辑：路乙达 王保家 责任编辑：路乙达 王保家
责任校对：郑 婕 封面设计：张 静
责任印制：张 博
三河市宏达印刷有限公司印刷
2019 年 7 月第 1 版第 1 次印刷
184mm×260mm · 14.25 印张 · 321 千字
标准书号：ISBN 978-7-111-62486-8
定价：37.80 元

凡购本书，如有缺页、倒页、脱页，由本社发行部调换
电话服务   网络服务
客服电话：010-88361066   机 工 官 网：www.cmpbook.com
            010-88379833   机 工 官 博：weibo.com/cmp1952
            010-68326294   金 书 网：www.golden-book.com
封面无防伪标均为盗版   机工教育服务网：www.cmpedu.com

Preface 前　言

近年来，一种程序设计语言日渐粲然，得到人们的青睐。这就是 Python。许多人都想在此时为熊熊燃起的 Python 之火再添上一把柴，本人也有此愿望。

Python 之所以能够成为一颗冉冉升起的新星，是因为其鲜明的特色。

Python 简单、易学。它虽然是用 C 语言写的，但是却摒弃了其中的指针，降低了学习和应用的难度。

Python 代码明确、优雅。Python 代码描述具有伪代码风格，使人容易理解；其强制缩进的规则，使得代码具有极佳的可读性。

Python 自由、开放。Python 是自由/开放源码软件（Free/Libre and Open Source Software，FLOSS）之一，它支持向不同的平台上移植，允许部分程序用 C/C++编写；它可提供脚本功能，允许把 Python 程序嵌入到 C/C++程序之中；它还鼓励编程人员进行创造、改进与扩张。因此，Python 在短短的发展历程中，形成了异常丰富、几乎覆盖一切应用领域的标准库和第三方库，为开发者提供了丰富的可复用资源和便利的开发环境。

为了彰显优势，Python 博采众长、趋利避害，形成了一套独特的语法体系。本书力求正本清源，从基本理论出发，对 Python 的语法给出一个清晰的概念和解释，以此为基础快速地将读者带入 Python 应用开发领域。

本书共分 5 章。第 1 章从简单易懂的计算开始，将读者引进 Python 世界。同时，穿插介绍一些最基本的语法知识，然后通过选择结构和循环结构，让读者在简单算法中试水。

第 2～4 章在第 1 章的基础上从函数、命名空间与作用域、异常处理、序列对象构建与操作、字符串、字典、集合、类与对象、类的内置属性、方法与函数继承等方面，使读者进一步夯实 Python 语法基础，提高语言应用能力。

第 5 章则是在上述 4 章的基础上，从应用广泛的数据文件、数据库、Socket 编程、Web操作和大数据应用等方面，突出领域知识、模块选择和解题思路三要素，使读者练就 Python开发的真本领。

除正文的内容之外，本书还有例题、习题和二维码链接。本书例题经典、代码简洁，以便充分发挥举一反三的作用。习题以节为单位进行组织，题型多样、针对性强，便于读者学习某一节后，立即可以从不同角度检测学习效果。有些在其他同类书中可能有不妥的表述，拿来作为反例，以习题的形式供读者分析。

除此之外，本书中还收集了许多相关知识和较大型的案例，以二维码链接的形式提供，这样可以为初学者提供继续学习或提升能力的途径。

需要说明的是，本书中的程序代码基本上是在 IDLE 环境中运行的。在 IDLE 环境中，关键字、标识符、对象实例、运行结果、异常代码等分别用不同的颜色表示。为减轻读者阅读的难度，本书中操作者键入的代码及数据为正常字体，而程序给出的结果为黑体。

本书就要出版了。它的出版，是我在程序设计教学改革工作中跨上的一个新台阶。本人衷心希望得到有关专家和读者的批评和建议，也希望能多结交一些志同道合者，把本书编写得更好一些。同时，还要向在本书编写过程中参加了部分工作的张秋菊、史林娟、张展赫、戴璐等谨表谢意。

张基温

己亥正月于穗小海之畔

Contents 目 录

第 1 章 _Chapter 1_

Python IDLE 作为万能计算器

如图 1.1 所示，在 Python 交互编程环境中，在提示符>>>后面输入一个 Python 命令，按 Enter 键，便可以启动 Python 解释器对这条命令进行解释执行，给出结果。这种对代码及时反馈的交互模式非常适合初学者验证语法规则，对有经验的 Python 人员也可用于尝试新的 API、库以及函数。对于一般人来说，它可以被当作是一个计算器。但是，Python IDLE 的计算功能要比一般计算器功能强大得多，可计算的内容也广泛得多，可以称得上一个万能计算器。

链 1-1　Python 程序的运行与 IDLE

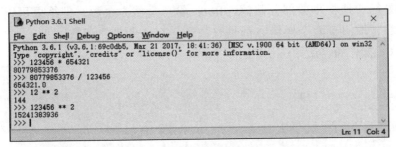

图 1.1　Python IDLE 用作计算器示例

1.1　在 IDLE 中用操作符进行算术计算

计算器最基本的应用是进行算术计算。本节介绍如何在 IDLE 中直接用操作符进行算术计算。

1.1.1　Python 算术操作符

在程序中，操作符（operators，也称运算符）是计算机操作命令的简洁表示。为了便于用户计算,各种计算机程序设计语言中都会将一些常用计算机操作定义为内置操作符供用户使用,并按照操作的性质,将操作符分为不同的种类。表 1.1 给出了 Python 内置的算术操作符。

表 1.1　Python 内置的算术操作符（假定 a = 10，b = 3）

优先级	操作符	数学意义	操作对象数目	实　　例	结合方向
高	**	幂	双目	a ** b 为 10 的 3 次方, 返回 1000	右先
	+、−	正负号	单目	+ 10, − 3	
中	//	floor 除	双目	a // b 返回 3	左先
	%	取模	双目	a % b 返回 1	
	/	真除	双目	a / b 返回 3.3333333333333335	
	*	相乘	双目	a * b 返回 30	
低	+	相加	双目	a + b 返回 13	
	−	相减	双目	a − b 返回 7	

说明:

1）注意由两个字符组成的操作符,一定不能在两个字符之间加入空格。

2）程序设计语言中的算术操作符与普通数学中的算术操作符有些相同,也有些不同,如在 Python 中用"*"表示乘,用"/"和"//"表示除,用"**"表示幂。这主要是为了便于用键盘进行操作。

3）在 Python 3.x 中,将除分为两种:真除（/）和 floor 除（//）。真除也称浮点除,即无论是两个整数相除,还是带小数的浮点数相除,结果都是要保留小数部分的浮点数。floor 除则是一种整除,其结果是真除结果向下舍入（或称向−∞舍入）小数部分得到的整数,而不是简单地将小数部分截掉。floor 除总是截去余数,但结果可以是整数,也可以是浮点数,取决于两个操作数都是整数还是有一个是浮点数。

代码 1-1　操作符/与//用法示例。

```
>>> 9 / 7, 9 // 7
(1.2857142857142858, 1)
>>> -9 / 7, -9 // 7
(-1.2857142857142858, -2)
>>> 9 / -7, 9 // -7
(-1.2857142857142858, -2)
>>> 5 /2.3, 5 // 2.3
(2.173913043478261, 2.0)
>>> 5 / -2.3, 5 // -2.3
(-2.173913043478261, -3.0)
```

4）取模操作符%是取 floor 除后的余数,即先计算出 floor 除值,再按公式:被除数−（整除值*除数）计算得到其值。

代码 1-2　操作符%用法示例。

```
>>> 9 % 7,9 % -7, -9 % 7, -9 % -7
```

```
(2, -5, 5, -2)
>>> 5 % 2.3, 5 % -2.3, -5 % 2.3
(0.40000000000000036, -1.8999999999999995, 1.8999999999999995)
```

注意: 在 Python 中,括在圆括号中的几个数据对象,组成了一个元组(tuple,程序中简写为 tup)。元组是由多个数据对象作为元素所组成的数据对象序列,在语法上每个元组都相当于一个数据对象。显然,多个用逗号分隔的表达式被一次性解释执行时,生成的是一个元组。在这个元组中,数据对象作为元素形成用逗号分隔的序列。

1.1.2　操作符特性

表达式是数据和操作符按照一定规则排列的求值计算表示。在一个表达式中可能不包含操作符,也可能包含一个操作符或包含多个操作符。掌握操作符的特性,关系到对表达式计算过程以及取值的正确理解。从表 1.1 中可以看出,每个操作符都具有四个方面的特性。结合下面的例子说明这四个特性的用法。

代码 1-3　操作符特性示例。

```
>>> + 2                        #求正
2
>>> * 2                        #非法表达式
SyntaxError: can't use starred expression here
>>> 5 % + 3                    #求正优先,合法
2
>>> 5 + % 3                    #求正优先,非法
SyntaxError: invalid syntax
```

说明:

1)操作符用于表示对数据对象进行什么样的操作(计算)。按照操作的性质,操作符分为算术操作符、逻辑操作符、关系操作符。其中算术操作符在 1.1.1 节已经介绍,其他操作符将逐步介绍。

2)操作符需要的操作对象数目。例如,表达式+2 是正确的,而表达式*2 就是错误的,因为操作符*是一个双目操作符,需要两个操作对象。

3)操作符的优先级(precedence)。如表 1.1 所示,Python 算术操作符分为三个不同的优先级。当一个表达式中含有不同级别的操作符时,高优先级的操作符先与数据对象结合。例如,表达式 5% + 3 执行的顺序相当于 5% (+ 3),即先对 3 取正,再用+3 对 5 求模,得 2。而表达式 5 + %3 就是错误的,因为按照优先级,应当先进行求模操作,但%要求两个数据对象,而+不是数据对象。

4)操作符的结合性(associativity)。操作符的结合性规定了在一个表达式中两个同级别的操作符相邻时哪个操作符先与数据对象结合,或两个子表达式相邻时先进行哪个子表达式的计算。"左先"就是操作符左面的数据对象先与之结合,"右先"就是操作符右面的数据对象先与之结合。例如操作符**和−都是右先,所以在表达式−10 ** −2 中,先执行−2 中的−,再执行**,最后执行最前面的−;而不是先执行−10 中的−,因为那样

的结果是 0.01，而不是−0.01。

除了上述四个特性，Python 还有一个特殊的操作符———一对圆括号。在表达式中，圆括号分组可以超越 Python 的优先级和结合性规则，即它可以强制先执行圆括号中的子表达式。当有多个圆括号形成嵌套结构时，内层圆括号内的表达式优先级别高于外层；当有多个分组并列时左优先，即分组具有左先结合性。这一点与普通数学相同，不再赘述。但需要指出的是，在复杂表达式中，人们往往会显式使用圆括号来提高子表达式优先级别的可读性。

1.1.3 注释

在 Python 程序中，以字符#开头的字符序列称为注释。注释是不被解释器解释的部分，仅用于如下两种情况。

1）对程序的某些部分进行适当的说明和解释，以提高程序的可读性，如代码 1-3 中的注释。

2）在程序调试时，为了分析某些的作用，可以在其前加一个注释符号#，看看这条语句不存在时，程序的执行情况有什么变化。当还需要这条语句时，只要删除添加的注释符号#即可。

1.1.4 Python 数据类型

在 Python 中，一切皆对象。数据对象是程序处理与加工的对象。每一个数据对象属于特定的类型，是特定类型的实例。类型规定了实例的操作和存储属性，了解类型的属性，也就了解了这类实例对象的属性。为了便于用户开发，Python 提供了丰富的数据类型。表 1.2 给出了 Python 3.x 主要的内置数据类型，可以分为标量类型和容器类型两大类。

表 1.2 Python 3.x 主要的内置数据类型

类型分类		类型名称		描　述	可变类型	示　例
标量类型	数值类型	整数	int		否	123
		浮点数	float		否	12.3、1.2345e+5
		复数	complex		否	（1.23, 5.67j）
	布尔类型	布尔值	bool		否	True、False
容器类型	序列	字符串	str		否	'abc' "abc" '''abc''' "123"
		列表	list		是	[1, 2, 3]、['abc', 'efg', 'ijklm']、list[1, 2, 3]
		元组	tup		否	(1, 2, 3, '4', '5')、tuple("1234")
	字典	字典	dict		是	{'name': 'wuyuan', 'blog': 'wuyuans.com', 'age': 23}
	集合	可变集合	set		是	set([1, 2, 3])
		不可变集合	frozenset		否	frozenset([1, 2, 3])

说明：

1）标量类型也称原子类型，是不可再分的数据对象，主要包括数值类型和布尔类型。容器类型也称组合类型，主要包括序列、字典和集合。在 Python 中比较特殊的是字符串，它具有容器的性质——可以容纳字符。但是在 Python 中，字符不是原子类型，也常把字符串看成基本类型。

2）Python 数据对象分为可变与不可变两大类。不可变对象是指对象的值不能被改变。若要改变，就称为另一个对象，会被另外存储。或者说，不可变对象是按值存储的。可变对象不受此限制，其值可以在原来的存储位置被改变。

3）除此之外，Python 还内置了一些其他特殊对象类型，如 None、模块、类、函数、文件等。这些内容将穿插在有关章节中介绍。

下面先介绍其中几种主要类型。

1. 整数和浮点数

整数和浮点数都属于数值类型，它们都是用数字表示，所以也称数字类型。但它们具有如下不同。

1）整数的类型名用 int 表示，浮点数的类型名用 float 表示。

2）整数类型数据对象可以用下列 4 种形式表示。

二进制：0、1，并加前缀 0b 或 0B，如 0b1001。

八进制：数字 0、1、2、3、4、5、6、7，加前缀 0o，或 0O，如 0o3567810。

十六进制：数字 0～9、A～F（或 a～f），加前缀 0x 或 0X，如 0x3579acf。

链 1-2　机器数的浮点格式
与定点格式

十进制：数字 0～9，不加任何前缀。

而浮点数类型的数据对象仅能表现为一个 0～9 和小数点组成的数字序列。

3）整数类型数据对象表示的整数数值是精确的，而浮点数类型数据对象表示的大部分实数是近似的。因为许多二进制小数换算成十进制小数时，得到的是一个无穷小数值，其精度受计算机字长限制。也就是说，浮点数类型并不能精确地表示任何实数。在程序设计语言中，之所以称为浮点数，是因为在计算机内，它们采用了浮点表示格式，而整数类型采用了定点格式。此外，也不提倡在计算机中对两个浮点数进行相等比较。

4）在 Python 中，整数类型数据对象的取值范围可以任意大，仅受限于所用计算机系统的可用内存大小。

代码 1-4　Python 的整数类型对象的取值范围可以任意大。

```
>>> 99999 ** 99
999010484943188636608805980402802915400434536979655386654009490813859457598616
206837179821412302692420911878238392114694353872205705469979997758000847544074497
398071603034467574810862492956315403164145181317850364010376300213453752437982265
518464568325790559557401725276413045564927258325699353130042548208064924009216093547
546101231747525975999315735437260590254281341103015581933843191009768771215462495
272328209801935290153265929807401919949633636861142033871459231063562556848951490009
899999
```

2. 元组和列表

元组（tuple）和列表（list）都是由数据对象组成的序列。所谓序列，是指它们的组成元素与元素在容器中的位置顺序有对应关系。二者的不同，首先在于元组是不可变对象，而列表是可变对象。另外，元组用圆括号作为边界符，例如：

```
(1,7,'a',5,3)
```

而列表用方括号作为边界符，例如：

```
[1,7,'a',5,3]
```

3. 字典和集合

字典和集合都是以花括号为边界符，但是字典的元素为键值对，键与值之间用冒号连接，例如：

```
{'A':90,'B':80,'C':70,'D':60}
```

集合的元素可以为任何对象，例如：

```
{'B',6,9,3,'A'}
```

4. 字符串类型

在 Python 中，用一对单撇号（'）、一对双撇号（"）以及一对三撇号（"""）作为起止符的字符序列称为字符串（string）。从用法上可以将字符串分为如下两种。

（1）单行字符串

用单撇号和双撇号作为起止符的字符串只能是单行字符串——不可跨行。二者的区别在于，双撇号作为起止符的字符串中，可以包含用单撇号作为起止符的字符串。

（2）多行字符串

用三撇号作为起止符的字符串是一种特殊字符串，其特殊性主要表现在如下方面：

1）可以是多行字符串。

2）多行字符串中可以包含格式信息，包括撇号、制表符以及回车符等。

代码 1-5 字符串应用示例。

```
>>> "abc'def'gh"
"abc'def'gh"
>>> '''a"bb'ccc'dd"ee'''
'a"bb\'ccc\'dd"ee'
>>> '''abcdefg''hijk'lmn'op''qrst uvw'''
"abcdefg''hijk'lmn'op''qrst\nuvw"
```

其中，最后一行输出中的\n 称为转义字符，表示换行。

5. 转义字符

转义字符就是赋予某些字符以特殊的意义。它们都以反斜杠为前缀，目的是告诉计算机，后面的字符是转义字符。转义字符中，大部分是用一个字符来代表一些常见的计算机操作，如换行、回车、制表、响铃、换页、退格、续行、终止等。八进制、十六进制标识的转义字符也是这个意义。还有些是避免与其他字符已经赋予的意义冲突、混淆而变义的。例如，要在字符序列中增加一个反斜杠，但是反斜杠已经被定义为转义字符前缀，为了避免这个意义上可能的冲突，就在其前再加一个反斜杠，告诉计算机后面的斜杠有特殊意义——不再是转义字符前缀。表 1.3 列出了一些常用转义字符。

表 1.3　转义字符

转义字符	描　述	转义字符	描　述	转义字符	描　述	转义字符	描　述
\（行尾）	续行符	\a	响铃	\n	换行	\f	换页
\\	反斜杠符号	\b	退格（Backspace）	\v	纵向制表符	\o	八进制，后为八进制字符
\'	单引号	\e	转义	\t	横向制表符	\x	十六进制，后为十六进制字符
\"	双引号	\000	空	\r	回车	\000	终止，忽略之后的字符串

1.1.5　数据对象三属性及其获取

在 Python 中，每个数据对象都有三个基本属性：值、ID 和类型。其中，ID 是该数据对象的身份码。在 Python 程序中，一个对象一旦被创建，就会得到一个系统分配的唯一标识码（identity），也称对象的身份码，并且这个身份码将伴随这个对象一生，即一旦对象被创建，它的身份码就不允许更改。不同的身份码表示不同的对象。

数据对象的值可以通过回显（echo）或者用 print() 函数获取，而数据对象的类型和身份码可以分别用内置函数 type() 和 id() 获取。

代码 1-6　数据对象的类型以及 ID 的获取示例。

```
>>> type(123),id(123)
(<class 'int'>, 1405666176)
>>> type(123.456),id(123.456)
(<class 'float'>, 2753616288336)
>>> type('abcdef'),id('abcdef')
(<class 'str'>, 2753627142160)
```

注意：尽管 Python 有 int、float、str 等一系列的类型声明符，但在使用一个数据对象时，并不需要先声明其类型，一个对象一经创建，Python 就会根据其存在形式自动判定出其类型，并在内部为其添加一个类型标志。

1.1.6　回显与 print() 函数

1. 回显与 print() 函数的异同

在交互模式下输入一个表达式，就会自动返回该表达式的值，这种"输出"称为"回显"（echo）。回显使用简便，但往往会受某些限制。因此，Python 输出使用的输出指令是内置函数 print()。

代码 1-7　回显与 print() 函数的用法比较。

```
>>> 1/7
0.14285714285714285
>>> print(1/7)
0.14285714285714285
```

```
>>> '#*'*10                          #回显 10 个'#*'组成的新字符串
'#*#*#*#*#*#*#*#*#*#*'
>>> print('#*'*10)                   #输出 10 个'#*'组成的新字符串的值
#*#*#*#*#*#*#*#*#*#*
>>> 3,5,8                            #三个表达式一起解释执行的回显
(3, 5, 8)
>>> print(3,5,8)                     #输出三个表达式的值
3 5 8
>>> print('abc',123)
abc 123                              #输出两个不同类型的值
```

说明：回显与 print()函数的输出在多数情况下略有差别——回显字符串或元组这些容器对象时，也表明它们是容器，而 print()函数仅输出值。此外，print()函数可以进行输出格式控制，而回显无法实现这个功能。

2. print()函数中分隔符与终结符的控制

一般说来，print()函数的输出具有如下默认格式：

1）一个 print()函数可以输出多个表达式的值。这时，作为参数的表达式之间用逗号分隔，而所输出的值之间默认用空格作为分隔符。

2）print()函数执行时，默认最后添加一个换行操作，即默认最后添加一个终结符。然而，print()函数允许使用参数 sep 改变分隔字符，并允许采用参数 end 改变终结符。

代码 1-8　print()函数中分隔符与终结符的控制示例。

```
>>> print(1,2,3)                     #用默认格式输出 3 个表达式值
1 2 3
>>> print(1,2,3,sep = '**')          #用指定分隔符'**'输出 3 个表达式值
1**2**3
>>> print(1);print(2)                #用默认终结符执行 2 个 print()函数
1
2
>>> print(1,end = '##');print(2,end = '##')  #用指定终结符'##'执行 2 个 print()函数
1##2##
>>> print(1,end = ' ');print(2,end = ' ')    #用指定终结符' '执行 2 个 print()函数
1 2
```

习题 1.1

1. 选择题

（1）表达式-5 // 3 的输出值为_____。

A. -1.0

B. -1.6666666666666666

C. -1.6666666666666667

D. -2

（2）表达式 5 / 3 的输出值为_____。

A. 1

B. 1.6666666666666666

C. 1.6666666666666667

D. 2

（3）表达式-5 % 3 的输出值为_____。

A. 1　　　　　　　B. -1.0　　　　　　　C. -2　　　　　　　D. 2

（4）表达式 2 ** 3 ** 2 的输出值为_____。

A. 512　　　　　　B. 64　　　　　　　　C. 32　　　　　　　D. 36

（5）表达式.1 ** -2 ** 2 的值近似于_____。

A. 0.0001　　　　　B. 10000　　　　　C. -10000　　　　　D. -0.0001

（6）语句 world = "world"; print ("hello" + world)的执行结果是_____。

A. helloworld　　　B. "hello" world　　C. hello world　　　D. 语法错

（7）代码 print (type(('China', 'Us', 'Africa')))的输出为_____。

A. <clsss, 'set'>　　B. <clsss, 'list'>　　C. <clsss, 'dict'>　　D. <clsss, 'tuple'>

（8）代码 print (type({'China', 'Us', 'Africa'}))的输出为_____。

A. <clsss, 'set'>　　B. <clsss, 'list'>　　C. <clsss, 'dict'>　　D. <clsss, 'tuple'>

2. 填空题

（1）表达式 5 % 3 + 3 // 5 * 2 的运算结果是_____。

（2）表达式 int (1234.5678 * 10 + 0.5) % 100 的运算结果是_____。

3. 实践题

在交互编程模式下，计算下列各题。

（1）从今天开始，100 天后是星期几？共经过多少个完整的星期？

（2）从今天开始，倒退 50 天是星期几？共经过多少个完整的星期？

（3）从当前时刻开始，经过 200 小时后是几点（按 24 时制）？共经过了几天？

1.2　使用函数计算

函数是操作符的扩展，也是程序中组织与管理过程的手段。Python 函数分为内置函数（built-in function）、模块函数对象和自定义函数对象三个层次。

链 1-3　Python3 内置函数

1.2.1　函数与内置函数

函数是实现一个功能的计算代码段的封装，它用一个名字定义一个代码段之后，就可以用这个名字代表其所定义的代码段——称为函数调用，形成一次定义、多次被调用的机制。通常，这个被定义的代码段是为处理某些数据而编写的，这些被处理的数据可能会因这个代码段在程序中的运行环境不同而异。为此，函数定义时，还需要为其指定需要处理并且因上下文而异的数据。这就形成了函数参数。函数参数也称函数的形式参数，它们仅作为函数所定义代码的处理角色存在，在调用时需要将具体使用的参数——实际参数的值传递给这些形式参数。例如一个用于计算 x^y 的函数，需要告诉函数计算的 x 和 y 各是多少。函数被调用时，用给定的参数运行所定义的代码段，就会给出计算结果，这称为函数返回。

函数可以自己设计，也可以使用经过验证的别人设计的函数。为了方便应用，Python 把一些仅次于算术操作符的常用计算定义成函数集成在自己的核心部分，供人们直接使用而不需任何额外定义。这类函数被称为内置函数。

1.2.2 Python 内置计算函数对象

表 1.4 为常用 Python 内置计算函数对象。

表 1.4　常用 Python 内置计算函数对象

函数对象	功　能	用　法
abs(x)	求绝对值	x 为整型或复数；若 x 为复数，则返回复数模
complex([real[, imag]])	创建一个复数对象	real 和 imag 分别代表实部和虚部
divmod(a, b)	返回商和余数的元组	a 为被除数，b 为除数。整型、浮点型都可以
pow(x, y[, z])	等效于 pow(x, x) % x。若 x 缺省，则计算 x^y；若 z 存在，再对 x^y 取模	注意：pow()通过内置的方法直接调用，内置方法会把参数作为整型
round(x[, n])	四舍五入	x 代表原数；n 为要取得的小数位数，缺省为 0

代码 1-9　Python 内置计算函数对象用法示例。

```
>>> abs(-3)
3
>>> complex(3,-4)
(3-4j)
>>> abs(complex(3,-4))
5.0
>>> divmod(5,3)
(1, 2)
>>> pow(2,5)
32
>>> pow(2,3,5)
3
>>> round(2/3,8)
0.66666667
>>> round(2/3,3)
0.667
>>> round(1/3,3)
0.333
```

习题 1.2

1. 选择题

（1）表达式 divmod(123.456, 5)的输出值为_____。

A. (24, 3.456000000000003)　　　　　　　B. (25, 1.543999999999997)

C. (24.0, 3.456000000000003)　　　　　　D. (25.0, 1.543999999999997)

（2）表达式 divmod(-123.456, 5)的输出值为_____。

A. (-24, 3.456000000000003)　　　　　　B. (-25, 1.543999999999997)

C. (-24.0, 3.456000000000003)　　　　　D. (-25.0, 1.543999999999997)

（3）表达式 sqrt(4) * sqrt(9)的值为_____。

A. 36.0　　　　　　B. 1296.0　　　　　　C. 13.0　　　　　　D. 6.0

（4）表达式 pow(3, 2, -7)的值为_____。

A. 2　　　　　　　　　B. -2　　　　　　　　　C. -5　　　　　　　　　D. 5

（5）表达式 abs(complex(-3, -4))的值为_____。

A. -7　　　　　　　　　B. -1　　　　　　　　　C. -5　　　　　　　　　D. 5

2. 实践题

在交互编程模式下，用 Python 的内置数学函数计算下列各题。

（1）将一个任意二进制数转换为十进制数。

（2）一架无人机起飞 3min 后飞到了高度 200m、水平距离 350m 的位置，计算该无人机的平均速度。

1.3　利用 math 模块计算

现代程序设计语言都用模块（module）或库扩展自己的功能，提高应用的灵活性，形成核心很小、外围丰富的结构形态。在这方面 Python 的表现非常突出。它的核心只包含数字、字符串、列表、字典、文件等常见类型和函数。大量功能在外围以模块的形式扩展，每个模块就是一个后缀为.py 的文件，也包括用 C、C++、Java 等其他语言编写的模块，形成了三个层次的模块组织。

1）内置模块：内置模块是核心功能的初步扩展，其中封装了多个常用的函数和数据对象。Python 的内置模块名为 builtins，它默认随内核一起安装。安装好 Python，这个模块就安装了，客户端就可以直接使用了，也就可以用 help(builtins)查阅其内容了。

2）标准库模块：作为核心语言的扩展，Python 还设计与收集了系统管理、网络通信、文本处理、数据库接口、图形系统、XML 处理等模块组成 Python 标准库，需要时可通过导入方式获得访问权。

3）第三方社区模块：通过"人民战争"，Python 从第三方社区获得了大量的、功能极为丰富的第三方模块，形成 Python 的扩展库。对于这些没有纳入标准库的模块，需要安装之后才能使用。第三方模块的功能无所不包，覆盖科学计算、Web 开发、数据库接口、图形系统等多个领域，并且大多成熟而稳定。

Python 还允许任何一个 Pythoner 编写模块，并且把这些模块放到网上供他人使用。这极大地丰富了 Python 的程序设计资源，为程序设计者提供了强大的应用程序接口（Application Programming Interface，API）。

本节将通过最常用的 math 模块让读者初步体验 Python 模块的使用方法。

1.3.1　导入模块并浏览模块成员

1. 导入模块

模块已经成为 Python 的重要计算资源，其已经非常丰富，几乎涵盖了人类需要的各个领域。不过，由于下载的或内置的模块通常保存在外存中，程序不能直接使用，要使用某个模块前必须先将其转载到内存才可以使用。在 Python 中，这个装载操作称为导入，使用关键字 import 进行。import 有两种用法：导入模块与导入对象。import

导入模块的格式如下：

```
import 模块名[as 别名]
```

使用这种格式将一个模块文件整体装入，此后就可以用"模块名.对象"的属性访问形式访问模块中的某个对象了。

代码 1-10 导入 math 模块的代码。

```
>>> import math                    #导入 math 模块
>>> math.sin(math.pi)              #使用 math 中的 sin 和 pi 两个对象
1.2246467991473532e-16
```

说明：

1）math 是一个数学计算模块，它封装了多个可用于数学计算的对象，sin 和 pi 是其中两个；sin 用于计算一个数的正弦值的函数，pi 是取值为圆周率 π 的常量。

2）圆点"."称为分量操作符或属性操作符。这里，"math.pi"表示取模块 math 的分量（或属性）对象 pi。

3）1.2246467991473532e-16 就是 0.00000000000000012246467991473532，或 $1.2246467991473532 \times 10^{-16}$。与前一种写法相比，它省去了许多个 0；与后一种写法相比，它不用把指数写成上标形式，适合键盘直接输入。这种记数法称为科学记数法。

4）按理说，π 的正弦值是 0，为什么计算机给出的不是 0 呢？首先，计算机给出的这个值是用一个级数序列计算出来的，而这个级数序列不可能是无穷的；另一个重要原因是，计算机要表示小数时，往往是不精确的。

2. math 模块 API 及其浏览

导入一个模块之后，使用 Python 提供的函数 dir()可以对该模块 API 进行浏览。图 1.2 为对 math 模块 API 的浏览情况。

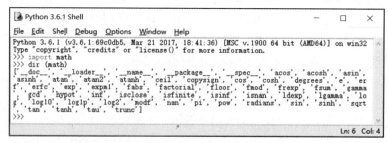

图 1.2　对 math 模块 API 的浏览情况

1.3.2　math 模块及其应用

1. math 模块 API

math 模块是标准库中提供的，不用安装，但须导入。从图 1.2 可以看出，math 模块 API 由常量和函数两部分组成。

（1）math 常量对象

Python 不提供常量的定义手段，需要的常量可以由模块提供。math 模块提供了两个数学常量对象：math.e = 2.718281828459045；math.pi = 3.141592653589793。

（2）math 函数对象

表 1.5 对 math 模块中的函数对象进行了简要说明。

表 1.5　Python math 模块中的函数对象

函数对象	功能说明	函数对象	功能说明
acos(x)	返回 x 的反余弦	fsum(x)	返回 x 阵列的各项和
acosh(x)	返回 x 的反双曲余弦	hypot(x, y)	返回 $\sqrt{x^2 + y^2}$
asin(x)	返回 x 的反正弦	isinf(x)	如果 x=±inf，也就是±∞，则返回 True
asinh(x)	返回 x 的反双曲正弦	isnan(x)	如果 x=Non(not a number)，则返回 True
atan(x)	返回 x 的反正切	ldexp(m, n)	返回 $m \times 2^n$，与 frexp 是反函数
atan2(y, x)	返回 y/x 的反正切	log(x, a)	返回 $\log_a x$，若不写 a，则默认是 e
atanh(x)	返回 x 的反双曲正切	log10(x)	返回 $\log_{10} x$
ceil(x)	返回大于等于 x 的最小整数	log1p(x)	返回 $\log_e(1+x)$
copysign(x, y)	返回与 y 同号的 x 值	modf(x)	返回 x 的小数部分与整数部分
cos(x)	返回 x 的余弦	pow(x, y)	返回 x^y
cosh(x)	返回 x 的双曲余弦	radians(d)	将 x（角度）转成弧长，与 degrees 为反函数
degrees(x)	将弧长 x 转成角度，radians 的反函数	sin(x)	返回 x 的正弦
exp(x)	返回 e^x，也就是 e**x	sinh(x)	返回 x 的双曲正弦
fabs(x)	返回 x 的绝对值	sqrt(x)	返回 $\sqrt{x}$
factorial(x)	返回 x!	tan(x)	返回 x 的正切
floor(x)	返回小于等于 x 的最大整数，x 为浮点数	tanh(x)	返回 x 的双曲正切
fmod(x, y)	返回 x 对 y 取模的值	trunc(x)	返回 x 的整数部分，等同 int
frexp(x)	与 ldexp 是反函数，返回 x=m×2ⁿ 中的 m (float)和 n(int)		

2. math 模块应用举例

下面重点介绍几个不容易掌握的 math 成员。

（1）math.floor()、math.ceil()与 math.trunc()

math.floor()与 math.ceil()都是返回整除值，但 math.floor()是向−∞（向下）舍入，而 math.ceil()是向+∞（向上）舍入。math.trunc（x）则是返回 x 的整数部分，不涉及舍入。

代码 1-11　math.floor()与 math.ceil()的用法比较。

```
>>> import math                    #导入模块 math
>>> math.floor(7/3); math.floor(-7/3); math.floor(7/-3)
```

2

```
-3
-3
>>> math.ceil(7/3); math.ceil(-7/3); math.ceil(7/-3)
3
-2
-2
>>> math.trunc(7/3); math.trunc(-7/3); math.trunc(7/-3)
2
-2
-2
```

（2）math.fmod()与%

math.fmod()与%都是进行模计算，并且都可以进行浮点数计算。但是，它们的计算结果往往不同。

1）math.fmod()是取向 0 整除后的余数，而%是取向下整除后的余数。

2）math.fmod()的符号与被除数的符号一致，而%计算结果的符号与除数的符号一致。

代码 1-12 math.fmod()与%的用法比较。

```
>>> import math                    #导入模块 math
>>> 7 % 3;-7 % 3;7 % -3
1
2
-2
>>> math.fmod(7,3); math.fmod(-7,3); math.fmod(7,-3)
1.0
-1.0
1.0
>>> math.fmod(7.3,3); 7.3 % 3
1.2999999999999998
1.2999999999999998
```

说明：

1）对于%，按照向下舍入整除，正向为 6，负向为-9，所以正向余 1，负向余 2。

2）对于 math.fmod()，按照向 0 舍入整除，正向为 6，负向为-6，所以正负向均余 1。

3）math.ldexp(m, n)与 math.frexp(x)

二者互为反函数。math.ldexp(m, n)返回 $m \times 2^n$；math.frexp(x)返回一个二元组：尾数 m (float)和指数 n(int)。

代码 1-13 math.ldexp()与 math.frexp()的用法示例。

```
>>> import math
>>> math.ldexp(4,3)
32.0
>>> math.frexp(32)
(0.5, 6)
```

1.3.3 从一个模块中导入对象

用 import 指令可以导入一个模块。但是，将一个模块整体导入，会占用较多的内存空间。因此在仅需要其中一个对象时，可以采用下面的格式，仅导入模块中的一个对象，并可以在导入时给这个对象起一个别名。

```
from 模块名 import 对象名[as 别名]
```

代码 1-14　导入 math 模块中的对象并为其另起一个名字示例。

```
>>> from math import sin as SIN        #导入 math 模块中的对象 sin 并另起名为 SIN
>>> from math import pi as Pi          #导入 math 模块中的对象 pi 并另起名为 Pi
>>> SIN(Pi/6)                          #使用别名计算
0.4999999999999994
```

说明：math 函数对象的用法，除了要导入 math 或从 math 中导入一个函数外，还要注意若用 import 语句导入，每个函数要用 math.作为前缀；若用 from 语句导入，则不需要。其他用法与内置函数相同。

习题 1.3

1. 选择题

（1）利用 import math as mth 导入数学模块后，用法____是合法的。

A. sin(pi)　　　　　　B. math.sin(math.pi)　　　　C. mth.sin(pi)　　　　D. mth.sin(mth.pi)

（2）导入 math 模块后，指令 math.floor(11/3); math.floor(−11/3)的执行结果为____。

A. 3　　　　　　　　B. 3　　　　　　　　　C. 4　　　　　　　　D. 4

　−3　　　　　　　　　−4　　　　　　　　　−3　　　　　　　　　−4

（3）导入 math 模块后，指令 math.ceil(11/3); math.ceil(−11/3)的执行结果为____。

A. 3　　　　　　　　B. 3　　　　　　　　　C. 4　　　　　　　　D. 4

　−3　　　　　　　　　−4　　　　　　　　　−3　　　　　　　　　−4

（4）导入 math 模块后，指令 math.trunc(11/3); math.trunc(−11/3)的执行结果为____。

A. 3　　　　　　　　B. 3　　　　　　　　　C. 4　　　　　　　　D. 4

　−3　　　　　　　　　−4　　　　　　　　　−3　　　　　　　　　−4

2. 实践题

在交互编程模式下，计算下列各题。

（1）已知三角形的两个边长及其夹角，求第三边长。

（2）边长为 a 的正 n 边形面积的计算公式为 $S = 1/4 * n * a^2 * cot(\pi/n)$，给出这个公式的 Python 描述，并计算给定边长、给定边数的多边形面积。

1.4　为对象命名——变量的引用

在程序中，用名字代表对象能给计算带来极大的灵活性。多数程序设计语言将这个名字称为变量（variable）。Python 沿用了这个术语，但其语义与其他程序设计语言有所不同。

1.4.1　Python 变量及其特性

1. Python 变量的概念

变量就是给数据对象起一个名字，称这个变量为所指向数据对象的引用（reference），就像在一所建筑物门口挂一个牌子。例如，代码"a = 3"表明了如下意义。

1）创建了一个值为 3 的数据对象。

2）用一个名字为 a 的变量指向它。

3）操作符"="称为赋值操作符，它的作用是用一个名字（变量）指向一个对象，或者说把一个名字绑定到一个对象上。

4）变量主要通过赋值创建。创建一个变量就是将一个名字与一个对象绑定（关联）。引用一个没有绑定对象的名字将导致"is not defined"语法错误。

代码 1-15 math.frexp() 用法示例。

```
>>> a = 3
>>> b
Traceback (most recent call last):
  File "<pyshell#1>", line 1, in <module>
    b
NameError: name 'b' is not defined
```

2. Python 变量的特性

在 Python 中，变量具有如下特性。

1）在 Python 中，变量作为对象的引用，可以引用其所指向对象的属性。所有对变量的操作都指向其所引用的对象。

代码 1-16 Python 变量作为数据对象的引用示例。

```
>>> a = 5
>>> a,type(a),id(a)              #用变量引用其所指向对象的属性
(5, <class 'int'>, 1401271488)
```

2）类型属于对象，而不属于变量。在 Python 中，数据对象是数据的存在，而变量是数据对象的引用；或者说，一个变量可以指向任何类型的对象，而变量本身没有类型。这也是 Python 动态数据类型语言的一个方面。

代码 1-17 Python 动态数据类型演示。

```
>>> a = 2
>>> type(a)
<class 'int'>
>>> a = 3.1415926
>>> type(a)
<class 'float'>
>>> a = 'abcde'
>>> type(a)
<class 'str'>
>>> a = [1,3,5]
>>> type(a)
<class 'list'>
>>> a = abs
>>> type(a)
<class 'builtin_function_or_method'>
>>> import math as a
>>> type(a)
<class 'module'>
```

结论：在 Python 中，变量之"变"在于其指向的对象可变，就像一个牌子可以挂在一个建筑物门口，也可以挂在别的建筑物门口。

3）Python 允许用多个变量指向同一个对象。如图 1.3 所示，a 和 b 都指向同一个数据对象 3。

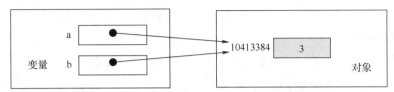

图 1.3 两个变量指向同一个数据对象

1.4.2 Python 变量的赋值

赋值（assignment）是将变量与对象联系起来的操作，在 Python 中使用"="表示。

1. 简单赋值

简单赋值是将一个对象与一个变量相联系，格式如下：

> 变量=对象

在 Python 中，变量只有赋值过才是合法的。在一个程序中，变量在第一次被赋值时创建，以后的赋值可以改变其指向的对象，因为在 Python 中，多数数据类型对象（int、float、complex、str、tup、frozenset）是不可变的，即其值是不可修改的，一经修改就成了另一个对象，即其 id 就改变了。只有极少数数据类型（list 和 dict 值）可变。

代码 1-18 不可变对象的赋值操作示例。

```
>>> a = 5                #创建对象，并用变量a指向该对象
>>> id(a)                #获取a所指向对象的身份
1349432512
>>> a = a + 1            #修改变量a所指向对象的值
>>> a,id(a)             #观察量a所指向对象的新值和id
(6, 1349432544)
```

2. 扩展赋值

扩展（augmented）赋值也称复合赋值或自变赋值，是赋值操作符与其他二元操作符的组合。对于可变对象来说，它是在原处修改对象；对于不可变对象来说，它将使变量从原来指向的对象移向另一个对象。

如图 1.4 所示，当有多个变量指向同一不可变对象（如 5）时，若其中一个变量（如 a）引起对象的值变化时，只有该变量(a)指向新对象(6)，其他变量(b)仍指向原来的对象(5)。

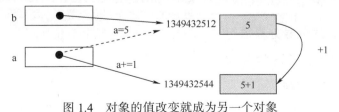

图 1.4 对象的值改变就成为另一个对象

3. 多变量赋值

多变量赋值也称同时赋值，格式如下：

<u>变量1</u>, <u>变量2</u>, … =对象1, 对象2, …

这个表达式执行后，变量1、变量2……将分别指向对象1、对象2……

4. 多目标赋值

多目标赋值是一次把一个对象与多个变量相绑定，格式如下：

<u>变量1</u> =<u>变量2</u> = … =<u>变量n</u> =对象

赋值操作符（=）具有右结合性，即当多个赋值操作符相邻时，最右面的赋值操作符先与操作对象结合。所以，上述表达式的运算顺序为

$$变量1 = (变量2 = (… = (变量n =对象)))$$

即这个表达式执行时，首先将变量n指向对象，然后让变量n–1指向变量n所指向的对象……最后将变量1指向变量2所指向的对象。如图 1.3 所示，这样就将变量1、变量2、……、变量n都指向了同一对象。

代码 1-19 赋值操作的用法示例。

```
>>> a,b,c = 3,5,7          #定义3个变量分别指向3个对象
>>> a,b,c                  #测试a,b,c指向的对象值
(3,5,7)
>>> d = e = a              #同时赋值
>>> d
3
>>> e
3
```

5. 每个 Python 赋值操作都是一个语句

每个 Python 赋值操作都是一个语句，它只完成赋值操作，而不产生值。因此，多个赋值语句写在一行时，必须用分号分隔，不能用逗号分隔。也就是说，几个语句写在一行中（使用一个回车）时，必须用逗号分隔。

代码 1-20 几个赋值语句写在一行的用法示例。

```
>>> a = 3, b = 5           #语句间不可用逗号分隔
SyntaxError: can't assign to literal
>>> a = 3; b = 5           #语句间须用分号分隔，赋值语句将不产生值
>>> a,b                    #用逗号连接表达式，将显示一个元组
(3, 5)
>>> a;b                    #用分号分隔表达式语句，将分行显示各表达式的值
3
5
```

说明：显然，用分号分隔语句时，隐含有一个回车操作在其间。

1.4.3 Python 标识符与关键字

1. Python 标识符规则

如前所述，变量就是指向数据对象的名字。使用变量就涉及如何给变量起名字的问

题。除变量之外，在程序中还会对函数函数、模块和类等起名字。这些名字统称为标识符（identifiers）。不同的程序设计语言在标识符的命名上都有一定的规则。Python 要求所有的标识符都须遵守如下规则。

1）Python 标识符是由字母、下画线（＿）和数字组成的序列，并要以字母（包括中文字）或下画线开头，不能以数字开头，中间不能含有空格。例如，a345、abc、_ab、ab_、a_6、aa_b 等都是合法的标识符，而 3a、3+a、$10、a**b.、2&3 等都是不合法的标识符。

2）Python 标识符中的字母是区分大小写的，如 a 与 A 被认为是不同的标识符。

3）表 1.6 中的字称为关键字，是 Python 保留的，不可用来作标识符。使用它们将会覆盖 Python 内置的功能，可能导致无法预知的错误。

表 1.6　Python 关键字

and	as	Assert	break	class	continue	def
del	elif	Else	except	exec	False	finally
for	from	global	if	import	in	is
lambda	nonlocal	not	or	pass	raise	return
True	try	while	with	yield	None	

此外，Python 内置了许多类、异常、函数，如 bool、float、str、list、pow、print、input、range、dir、help 等。这些虽不在 Python 明文保留之列，但使用它们作为标识符也会引起混乱，所以应避免使用它们作为标识符，特别是 print 以前曾经被作为关键字。

4）Python 标识符没有长度限制。

5）Python 3.x 支持中文，一个中文字与一个英文字母都作为一个字符对待，即可以使用中文名词作为标识符。

注意：好的标识符应当遵循"见名知意"的原则，不要简单地把变量定义成 a1、a2、b1、b2 等，以免造成记忆上的混淆。此外，要避免使用单独一个大写 I（i 的大写）、大写 O（o 的大写）和小写 l（L 的小写）等容易误认的字符作为变量名或用其与数字组合作为变量名。

2. 以下画线开头的标识符

1）以单下画线开头（_foo）的代表不能直接访问的类属性，须通过类提供的接口进行访问，不能用"from xxx import *"导入。

2）以双下画线开头的（__foo）代表类的私有成员。

3）以双下画线开头和结尾的（__foo__）代表 Python 里特殊方法专用的标识，称为魔法方法。在不清楚自己做了什么的时候不应该随便定义魔法方法。

这里提到类。类将在第 4 章介绍。

1.4.4　input() 函数

input() 是 Python 提供的一个内置输入函数，它能接收用户从键盘上的输入，保存到一个变量制定的对象中。简单地说，它可以通过键盘输入的形式创建对象。为了能让用户清楚要输入的内容，它还支持一个提示。其格式如下：

<u>变量</u>= input（'<u>提示</u>'）

代码 1-21 从键盘上输入圆半径，计算圆面积。

```
>>> from math import pi
>>> radius = float( input('请输入一个圆半径：'))
请输入一个圆半径：2.
>>> area = pi * pow(radius,2)
>>> print("圆面积为: " + str(area))        # "+" 的作用是将两个字符串连接起来
圆面积为: 12.566
```

说明：

1）用 input()从键盘上输入的是字符串，不能进行算术计算求圆面积。求圆面积需要的是一个带小数点的数值。为此，对于从键盘输入的字符，要转换成带小数的数值数据。float()函数可以实现这一转换。

2）表达式 str(area)是将浮点数 area 转换为字符串，因为该项要与前面的字符串连接。

3）使用 input()可以在程序运行中创建数据对象，为程序提供了一种灵活的手段。

链 1-4　Python 数据类型转换

习题 1.4

1. 选择题

（1）执行代码

a, b = 3, 5; b, a = b, a

后，_____。

A. a 指向对象 5，b 指向对象 3

B. a 和 b 都指向对象 3

C. a 和 b 都指向对象 5

D. 出现语法错误

（2）执行代码

a, b = 3, 5; a = a + b; b = a − b; a = a − b

后，_____。

A. a 指向对象 5，b 指向对象 3

B. a 指向对象 10，b 指向对象−2

C. a 和 b 都指向对象−2

D. a 指向对象 3，b 指向对象 5

（3）执行代码

a, b = 3, 5; a, b, a = a + b, a − b, a − b

后，_____。

A. a 指向对象 5，b 指向对象 3

B. a 和 b 都指向对象−2

C. 出现错误

D. a 指向对象 3，b 指向对象 5

（4）执行代码

a, b = 3, 5; a, b = a + b, a − b; a = a − b

后，_____。

A. a 指向对象 5，b 指向对象 3　　　　　　　B. a 指向对象 10，b 指向对象-2

C. a 和 b 都指向对象-2　　　　　　　　　　　D. a 指向对象 3，b 指向对象 5

（5）下列 4 组符号中，都是合法标识符的一组是_____。

A. name, class, number1, copy　　　　　　　B. sin, cos2, And, _or

C. 2yer, day, Day, xy　　　　　　　　　　　D. x%y, a(b), abcdef, λ

（6）下列 Python 语句中，非法的是_____。

A. x = y = z = 1　　　　B. x = (y = z + 1)　　　　C. x, y = y, x　　　　D. x += y

（7）_____不是 Python 合法的标识符。

A. int32　　　　　　　B. 40XL　　　　　　　C. self　　　　　　　D. __name__

（8）下列关于 Python 变量的叙述中，正确的是_____。

A. 在 Python 中，变量是值可以变化的量

B. 在 Python 中，变量是可以指向不同对象的名字

C. 变量的值就是所指向对象的值

D. 变量的类型与所指向对象的类型一致

（9）对于代码

```
a = 56
```

下列判断中，不正确的是_____。

A. 对象 56 的类型是整型　　　　　　　　　　B. 变量 a 的类型是整型

C. 变量 a 绑定的对象是整型　　　　　　　　　D. 变量 a 指向的对象是整型

（10）通常说的数据对象的三要素是_____。

A. 名字、id、值　　　　　　　　　　　　　　B. 类型、名字、id

C. 类型、名字、值　　　　　　　　　　　　　D. 类型、id、值

2. 判断题

（1）Python 数据可以分为常量和变量两种形式。（　　　）

（2）在 Python 中，定义变量不需要事先声明其类型。（　　　）

（3）在 Python 中，使用变量不需先声明，变量的赋值操作即变量的声明和定义过程。（　　　）

（4）在 Python 程序中，变量用于存储数据。（　　　）

（5）在 Python 中，变量是程序中最常使用、能表示值的一个名称。（　　　）

（6）在 Python 程序中，变量用于引用可能变化的值。（　　　）

（7）在 Python 中，变量绑定一个特定的存储空间，即一定字节数的内存单元。（　　　）

（8）在 Python 程序运行过程中，其值不发生变化的数据对象称为常量。（　　　）

（9）在 Python 程序中，常量是不能改变的字面值，而变量一般是指可以变化的量。（　　　）

（10）在 Python 程序运行过程中，可以随程序运行而更改的量称为变量。（　　　）

（11）在 Python 中，变量的类型决定了分配的内存单元的多少，即多少个字节。（　　　）

（12）Python 允许先定义一个无指向的变量，然后在需要时让其指向某个数据对象。（　　　）

（13）在 Python 中，利用赋值操作可以把一个变量的值赋给另一个变量。（　　　）

（14）在 Python 程序中，变量的类型可以是随时发生变化的。（　　　）

（15）在 Python 中，用赋值语句可以直接创建任意类型的变量。（　　　）

（16）虽然不需要在使用前显式地声明变量及其所指向对象的类型，但是 Python 仍属于强类型编程语言。（　　）

（17）除非显式地修改变量类型或删除变量，否则变量将一直保持之前的类型。（　　　）

（18）在 Python 中可以使用变量表示任意大的整数，不用担心范围问题。（　　　）

（19）在 Python 中，没有字符常量和变量的概念，只有字符串类型的常量和变量。（　　　）

（20）Python 变量并不直接存储值，而是存储了值的内存地址或者引用。这也是变量类型可以改变的原因。（　　）

3. 简答题

（1）下面哪些是 Python 合法的标识符？如果不是，请说明理由。在合法的标识符中，哪些是关键字？

```
int32           40XL            $aving$         printf          print
_print          this            self            _name_          Ox40L
bool            true            big-daddy       2hot2touch      type
thisIsn'tAVar   thisIsAVar      R_U_Ready       Int             True
if              do              counter-1       access
```

（2）执行赋值语句 x, y, z = 1, 2, 3 后，变量 x、y、z 分别指向什么？

（3）在上述操作后，再执行 z, x, y = y, z, x，则 x、y、z 分别指向什么值？

（4）"一个对象可以用多个变量指向"和"一个变量可以指向多个对象"这两句话正确吗？请说明理由。

（5）有人说，变量用于在程序中可能会变化的值。这句话准确吗？

（6）有的程序设计语言要求使用一个变量前，先声明变量的名字及其类型，但 Python 不需要。为什么？

（7）有如下两个语句：

```
a, b = b, a
t = a; a = b; b = t
```

试分析二者的异同。

（8）下列三组语句，若在交互环境下，分别执行每组四个语句，请写出每个语句执行后的显示内容。

第 1 组：a = 1　　　　a = a + a　　a = a + a　　a = a + a

第 2 组：a = True　　　a = not a　　a = not a　　a = not aa

第 3 组：a = 2　　　　a = a * a　　a = a * a　　a = a * a

1.5　选择型计算

计算机程序作为一种用于扩展和延伸人大脑功能的工具。选择就是依据条件分别处理，在一定程度上模拟了人的智力。

1.5.1　布尔类型与布尔表达式

任何条件都以命题为前提，要以命题的"真"（True）、"假"（False）决定对某一选择说"yes"，还是说"no"。所以，条件是一种只有 True 和 False 取值空间的表达式。这种数据类型称为布尔（bool）类型，以纪念在符号逻辑运算领域做出特殊贡献的 19 世纪最重要的数学家之一乔治·布尔（George Boole，1815—1864，见图 1.5）。

注意：

1）布尔类型只有两个实例对象：True 和 False。

2）True 与 False 都是字面量，也是保留字。

3）在底层，True 被解释为 1，False 被解释为 0。所以，常把布尔类型看作是一种特殊的 int 类型。进一步扩展，把一切空（无 0、空白、空集、空序列）都当作 False，把一切非空（有、非 0、非空白、非空集、非空序列）都当作 True。

图 1.5　乔治·布尔

代码 1-22　布尔类型属性获取。

```
>>> True == 1,False == 0
(True, True)
>>> True is 1,False is 0
(False, False)
>>> id(True),id(1)
(1350066400, 1350546496)
>>> id(False),id(0)
(1350066432, 1350546464)
```

取值为布尔类型的表达式称为布尔表达式，分为关系表达式和逻辑表达式两种。

1. 关系表达式

在多数情况下，布尔对象由关系表达式创建。Python 的关系表达式由含有比较操作符、判等操作符、判是操作符、判含操作符和判属函数等合法表达式组成。表 1.7 为这 5 类表达式的含义和用法。

表 1.7　Python 关系操作符和函数

类　　型	操　作　符	功　　能	示　　例
比较操作符	<、<=、>=、>	大小比较	a < b、a <= b、a >= b、a > b
判等操作符	==、!=	相等性比较	a == b、a != b
判是操作符	is、is not	是否为同一对象	a is b、a is not b
判含操作符	in、not in	是否是一个容器成员	a in b、a not in b
判属函数	Isinstance（对象，类型）	判断一个对象是否属于某个类	isinstance(5, int)

说明：

1）只有当操作对象的类型兼容时，比较才能进行。判等、判是和判含操作则无此限制。

2）由两个字符组成的比较操作符和判等操作符中间一定不可留空格。例如，<=、==和>=绝对不可以写成< =、= =和> =。

3）注意区分操作符==与=。前者进行相等比较，后者进行赋值操作。

4）注意区分判等与判是。判等操作有两个操作符==和!=，用于判定两个对象的值是否相等；判是操作有两个操作符 is 和 is not，用于判定两个对象是否为同一个对象，即它们的身份码是否相同。

5）一般来说，关系操作符的优先级别比算术操作符低，但比赋值操作符高。因此，一个表达式中含有关系操作符、算术操作符和赋值操作符时，先进行算术操作，再进行关系操作，最后进行赋值操作。比较操作符和判等操作符具有左优先的结合性。

6）判等和比较操作符的优先级高于判是和判含操作符。

代码 1-23 关系操作符用法示例。

```
>>> a = 2 + 2 > 6
>>> a
False
>>> b = 2 + 3 == 5
>>> b
True
>>> a = 5; b = 2 + 3
>>> a == b, a is b
(True, True)
>>> 0<a<b, 6<b<9
(True, False)
>>> id(a == b), id( a is b)
(1348952288, 1348952288)
>>> a != b, a is not b
(False, False)
>>> id(a != b), id(a is not b)
(1348952320, 1348952320)
>>> isinstance(5,int)
True
>>> isinstance(5,float)
False
>>> isinstance('1',int)
False
>>> isinstance('abc',str)
True
```

说明：

1）对于表达式 3 is 3 == 1，若判等操作的优先级不高于判是，则会先计算 3 is 3 得 True(=1)，再计算 1 == 1 得 True，与实际运算结果矛盾。所以，必定有判等操作符的优先级比判是操作符的优先级高。

2）对于表达式 1 + 2 == 3 < 5，若比较操作符和判等操作符是右优先的结合性，则要先计算 3 < 5 为 True(相当于 1)，再计算 1 + 2 == 1，结果应当为 False。这与实际运行结果不符，所以它们的结合性应当是左优先的。

2. 逻辑表达式

（1）逻辑运算的基本规则

逻辑运算也称布尔运算。最基本的逻辑运算只有三种：not（非）、and（与）和 or（或）。表 1.8 为逻辑运算的真值表——逻辑运算的输入与输出之间的关系。

表 1.8　逻辑运算的真值表

a	b	not a	a and b	a or b
True	任意	False	b	True
False	任意	True	False	b

代码 **1-24**　验证逻辑运算真值表。

```
>>> a = True
>>> b = 2; a and b;type(a and b); a or b;type(a or b)
2
<type 'int'>
True
<type 'bool'>
>>> b = 0; a and b;type(a and b); a or b;type(a or b)
0
<type 'int'>
True
<type 'bool'>
>>>
>>> a = False
>>> b = 2; a and b;type(a and b); a or b;type(a or b)
False
<type 'bool'>
2
<type 'int'>
>>> b = 0; a and b;type(a and b); a or b;type(a or b)
False
<type 'bool'>
0
<type 'int'>
>>> a = 1; not a
False
>>> a = 0; not a
True
```

进一步推广，可以得到如下结论。

1）在下列两种情况下，表达式的值和类型都随 a 指向的对象。

❑ a 指向 True 时的 a or b；

❑ a 指向 False 时的 a and b。

2）在下列两种情况下，表达式的值和类型都随 b 指向的对象。

❑ a 指向 True 时的 a and b；

❑ a 指向 False 时的 a or b。

3）执行 not 操作的表达式，其结果一定是布尔类型。

4）逻辑运算符适合于对任何对象的操作。

5）3 个逻辑操作符的优先级不一样：

❑ not 最高，比乘除高，比幂低，是右优先结合。

❑ and、or 比算术低，比赋值高；其中，and 比 or 高，都是左优先结合。

（2）短路逻辑

由上面的讨论可以看出：

1）对于表达式 a and b，如果 a 为 False，表达式就已经确定，可以立刻返回 False，而不管 b 的值是什么，所以就不需要再执行子表达式 b。

2）对于表达式 a or b，如果 a 为 True，表达式就已经确定，可以立刻返回 True，而不管 b 的值是什么，所以就不需要再执行子表达式 b。

这两种行为都被称为短路逻辑（short-circuit logic）或惰性求值（lazy evaluation），即第二个子表达式"被短路了"，从而避免了无用地执行代码。这是一个程序设计中可以采用的技巧。

链 1-5　重要逻辑运算法则

代码 1-25　错误的逻辑操作表达式示例。

```
>>> a > 2 and (a = 5 > 2)
SyntaxError: invalid syntax
>>> (a = 5) < 3
SyntaxError: invalid syntax
>>> (a = True) and 3 > 5
SyntaxError: invalid syntax
>>> !(a = True)
SyntaxError: invalid syntax
>>> a = 5 < 3
>>> a
False
```

1.5.2　if–else 型选择结构

1. if-else 型选择的基本结构

if-else 是实现二选一结构的代码形式，其基本语法如下：

```
if 条件:
    语句块1
else:
    语句块2
```

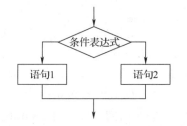

如图 1.6 所示，这个结构的功能是若条件为 True 或其他等价值时，执行语句块 1，否则执行语句块 2。

图 1.6　二选一的 if-else 结构流程

代码 1-26　输出一个数绝对值。

```
>>> aNumber = float(input('请输入一个数:'))    #用 float()将数字字符串对象转换为浮点数
请输入一个数: -123
>>> if aNumber < 0.0:
    print ('绝对值为:' + str(-aNumber))
else:
    print ('绝对值为: ' + str(aNumber))

绝对值为: 123
```

说明：

1）在控制结构中，每一个冒号都引出一个下层子结构。

2）从语法的角度，一个 if-else 结构是一个语句，其两个分支各是一个子结构。子结构可以是一条语句，也可以是多条语句，还可以用 pass 表示无语句。

3）Python 要求以缩进格式表示一个结构的子结构，并且每级子结构的缩进量要一致。这种使程序结构表现清晰的形式已经成为它的语法要求。通常，与语法相关的每一层都应统一缩进四个空格（space）。

4）Python 允许将代码 1-26 中的 if-else 写成如下单行形式。

代码 1-27　写在一行的 if-else。

```
>>> aNumber = float(input('请输入一个数:'))   #用 float()将数字字符串对象转换为浮点数
请输入一个数: -1.23
>>> print ('绝对值为:' + str(-aNumber)) if Number<0.0 else ('绝对值为:' + str(aNumber))
绝对值为: 1.23
```

2. 选择表达式

if-else 选择结构有两个子语句块。但是，在许多情况下，每个分支并不需要一个或多个语句，有一个表达式就可以解决问题。这时，Python 就允许将一个 if-else 结构收缩为一个表达式，称为选择表达式。其语法格式如下：

表达式 1 if 条件 else 表达式 2

这里，if 和 else 称为必须一起使用的条件操作符。它的运行机理为：执行表达式 1，除非命题为假（False）才执行表达式 2。

代码 1-28　用选择表达式计算一个数的绝对值。

```
>>> x = float(input('输入一个数: '))
请输入一个数: -5
>>> print(-x) if  x < 0  else  print(x)
5
```

3. if-else 蜕化结构

Python 允许 if-else 结构中省略 else 子结构，蜕化（degenerate）为取舍选择结构，也称缺腿 if-else 结构，或简称为 if 结构。如图 1.7 所示，这时只有一个可选项，选择的意思是：选或不选。

代码 1-29　计算一个数的绝对值。

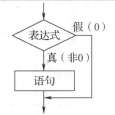

图 1.7　取舍型 if 结构流程

```
>>> x = int(input('请输入一个数: '))
请输入一个数: -5
>>> if  x < 0:
    x = -x
>>> print(x)
5
```

1.5.3　if–else 嵌套与 if–elif 型选择结构

1. if-else 嵌套

当一个 if-else 语句的子结构中又含有 if-else 语句时，便组成了嵌套型 if-else 选择结构。这种结构根据在哪个分支嵌套，用法有所不同。if 分支的 if-else 嵌套结构如图 1.8 所示，else 分支的 if-else 嵌套结构如图 1.9 所示，这两种结构往往是可以转换和组合的。

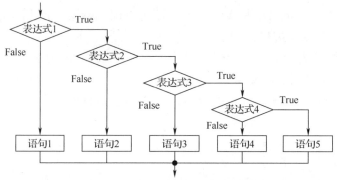

图 1.8　if 分支的 if-else 嵌套结构

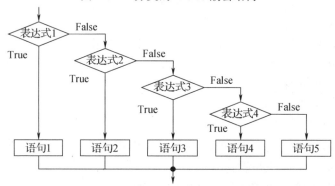

图 1.9　else 分支的 if-else 嵌套结构

例 1.1　总部设于瑞士日内瓦的联合国世界卫生组织（The World Health Organization，WHO），经过对全球人体素质和平均寿命进行测定，对年龄划分标准做出了新的规定，将人的一生分为表 1.9 所示的五个年龄段。

表 1.9　世界卫生组织提出的五个人生年龄段

年　　龄	0～17	18～65	66～79	80～99	100
年龄段	未成年人	青年人	中年人	老年人	长寿老人
英语称呼	Minors	Youth	Middle aged person	Aged	Longevity elderly

代码 1-30　用 if 分支的 if-else 嵌套结构设计程序代码。

```
>>> age = int(input('请输入您的年龄'))
>>> if age >= 18:                          #先按 18 把人分成两大类
    if age >= 66:                          #再从>=18 的人中按 66 分为两大类
        if age >= 80:                      #再从>=66 的人中按 80 分为两大类
            if age >= 100:                 #再从>=80 的人中按 100 分为两大类
                print('您是长寿老人。')      #>=100 者为长寿老人
            else:
                print('您是老年人。')        #>=80 而不满 100 者为老年人
        else:
            print('您是中年人。')            #>=66 而不满 80 者为中年人
    else:
        print('您是青年人。')                #>=18 而不满 66 者为青年人
else:
    print('您是未成年人。')                  #不满 18 者为未成年人
```

代码 1-31　用 else 分支的 if-else 嵌套结构设计程序代码。

```
>>> age = int(input('请输入您的年龄'))
>>> if age < 18:                    #先看是否<18,小者为未成年人
    print('您是未成年人。')
else:
    if age < 66:                    #再看是否<66,小者为青年人
        print('您是青年人。')
    else:
        if age < 80:                #再看是否<80,小者为中年人
            print('您是中年人。')
        else:
            if age < 100:           #再看是否<100,小者为老年人
                print('您是老年人。')
            else:                   #不小于100者为长寿老人
                print('您是长寿老人。')
```

有时根据具体问题也会有两种嵌套结合使用的情况。

2. if-elif 型选择结构

if-elif 选择结构是 else 分支 if-else 嵌套的改进写法，就是将相邻的 else 与 if 合并为一个 elif。

代码 1-32　采用 if-elif 结构的例 1.1 的代码。

```
>>> age = int(input('请输入您的年龄'))
>>> if age < 18:                    #先看是否<18,小者为未成年人
    print('您是未成年人。')
elif age < 66:                      #再看是否<66,小者为青年人
    print('您是青年人。')
elif age < 80:                      #再看是否<80,小者为中年人
    print('您是中年人。')
elif age < 100:                     #再看是否<100,小者为老年人
    print('您是老年人。')
else:                               #不小于100者为长寿老人
    print('您是长寿老人。')
```

这样就把嵌套结构变成并列结构了。

习题 1.5

1. 选择题

（1）如果 a = 2，则表达式 not a<1 的值为_____。

A. 2　　　　　　　　B. 0　　　　　　　　C. False　　　　　　　D. True

（2）如果 a = 1，b = 2，c = 3，则表达式 .(a == b < c) == (a == b and b < c) 的值为_____。

A. −1　　　　　　　B. 0　　　　　　　　C. False　　　　　　　D. True

（3）表达式 1!= 1 >= 0 的值为_____。

A. 1　　　　　　　　B. 0　　　　　　　　C. False　　　　　　　D. True

（4）表达式 1 > 0 and 5 的值为_____。

A. 1　　　　　　　　B. 5　　　　　　　　C. False　　　　　　　D. True

（5）表达式 1 is 1 and 2 is not 3 的值为_____。

A. 2　　　　　　　　B. 3　　　　　　　　C. False　　　　　　　D. True

（6）如果 a −1，b =True，则表达式 a is 2 or b is 1 or 3 的值为_____。

A. 1 　　　　　　　　　B. 3 　　　　　　　　　C. False 　　　　　　　　　D. True

（7）在下列词汇中，不属于 Python 支持的数据类型的是_____。

A. char 　　　　　　　　B. int 　　　　　　　　C. float 　　　　　　　　D. list

（8）表达式 x = 't' if 'd' else 'f' 的执行结果是（　　　）。

A. True 　　　　　　　　B. False 　　　　　　　C. 't' 　　　　　　　　D. 'f'

（9）表达式 not a + b > c 等价于（　　　）。

A. not ((a + b) > c) 　　　　　　　　　　B. ((not a) + b) > c

C. not (a + b) > c 　　　　　　　　　　　D. not (a + b) > not c

（10）表达式 a < b == c 等价于_____。

A. a < b and a == c 　　　　　　　　　　B. a < b and b == c

C. a < b or a == c 　　　　　　　　　　　D. (a < b) == c

（11）下列语句中，符合 Python 语法的有_____。

A.
```
if x
    statement1
  else:
    statement2
```

B.
```
if x:
    statement1;
else:
    statement2;
```

C.
```
  if x:
    statement1
  else:
    statement2
```

D.
```
if x
    statement1
else
    statement2
```

（12）有如下一段代码：

```
>>> a = 3; b = 3.0
>>> if (a == b):
    print('Equal')
else:
    print('Not equal')
```

该代码执行后的输出为_____。

A. True 　　　　　　　　B. False 　　　　　　　C. 'Equal' 　　　　　　　D. 'Not equal'

2. 判断题

（1）比较操作符、逻辑操作符、身份认定操作符适用于任何对象。（　　　）

（2）表达式 1. + 1.0e-16 > 1.0 的值为 True。（　　　）

（3）操作符 is 与==是等价的。（　　　）

（4）表达式 not (number % 2 == 0 and number % 3 == 0)与(number % 2 != or number % 3 != 0)是等价的。（　　　）

（5）表达式(x >= 1) and (x < 10)与(1 <= x < 10)是等价的。（　　　）

（6）表达式 not(x > 0 and x < 10)与(x < 0) or (x > 10)是等价的。（　　　）

（7）在 Python 中，操作符 is 与==是等价的。（　　　）

3. 代码分析题

（1）给出下面两个表达式的值，然后上机验证，给出解释。

（a）0.1 + 0.1 + 0.1 == 0.3

（b）0.1 + 0.1 + 0.1 == 0.2

（2）1 or 2 和 1 and 2 的输出分别是什么？

（a）1 or 2 结果 1

（b）1 and 2 结果 2

（3）下面代码的输出结果是什么？

```
value = 'B' and 'A' or 'C'
print(value)
```

（4）对于以下语句

```
a = 10；b = 10；c = 100；d = 100；e = 10.0；f = 10.0
```

下面各表达式的输出是什么？为什么？

（a）a is b

（b）c is d

（c）e is f

（5）试证明，无论 a 和 b 为何布尔值，则下面的表达式的值均为 True：

```
(not ( a and b) and (a or b)) or ((a and b) or (not (a or b))
```

（6）假定 a 和 b 均为整数，请化简下列表达式：

```
(not ( a < b) and not (a > b))
```

4. 简答题

（1）Python 整数的最大值是多少？

（2）实型数和浮点数的区别在什么地方？

（3）上网查询后回答，Decimal 类型和 Fraction 类型适合在什么情况下使用？

（4）试说明下面 3 个语句的区别。

(a)	(b)	(c)
```if (i > 0): if(j > 0): n = 1else : n = 2```	```if (i > 0): if(j > 0): n = 1else : n = 2```	```if (i > 0): n = 2else: if(j > 0): n = 1```

5. 实践题

（1）用 Python 打印一个表格，给出十进制[0，32]之间每个数对应的二进制、八进制和十六进制数。要求所有的线条都用字符组成。

（2）用 Python 打印一个表格，给出 0～360°之间每隔 20°的 sin、cos、tan 值。要求所有的线条都用字符组成。

（3）据秦汉的《礼记·曲礼上第一》记载："人生十年曰幼，学；二十曰弱，冠；三十曰壮，有室。四十曰强，而仕；五十曰艾，服官政；六十曰耆，指使；七十曰老，而传；八十、九十曰耄，七年曰悼。悼与耄，虽有罪，不加刑焉。百年曰期，颐。"

大意是说，男子十岁称幼，开始入学读书。二十岁称弱，举冠礼后，就是成年了。三十岁称壮，可以娶妻生子，成家立业了。四十岁称强，即可步入社会工作了。五十岁称艾，能入仕做官。六十岁称耆，可发号施令，指挥别人。七十岁称老，此时年岁已高，应把经验传给世人，将家业交付子孙管理了。八十岁、九十岁称耄，七岁时称悼。在"悼与耄"的时期，即使触犯了法律，也不会受到刑罚。百岁称期，到了这个年龄，就该有人侍奉，颐养天年了。

请编写一个 Python 程序，当输入一个年龄后，能分别按中国古代年龄段划分和按联合国世界卫生组织最新年龄段划分（见例 1.1），给出这个年龄的年龄段名称。

（4）编写一个求解一元二次方程的 Python 程序，要求能给出关于一元二次方程解的各种不同情况。

（5）一个年份如果能被 400 整除，或能被 4 整除但不能被 100 整除，则这个年份就是闰年。设计一个 Python 程序，判断一个年份是否为闰年。

（6）为了评价一个人是否肥胖，1835 年比利时统计学家和数学家凯特勒（Lambert Adolphe Jacques Quetelet，1796—1874）提出一种简便的判定指标——身体质量指数（Body Mass Index，BMI）。它的定义如下：

BMI =体重（kg）÷身高^2（m^2）

例如：70÷（1.75×1.75）=22.86

按照这个计算方法，世界卫生组织 1997 年公布了一个判断人肥胖程度的 BMI 标准。但是，不同的种族情况有些不同。因此，2000 年国际肥胖特别工作组又提出一个亚洲人的 BMI 标准，后来又公布了一个中国参考标准。这些标准见表 1.10。

表 1.10 BMI 的 WHO 标准、亚洲标准和中国参考标准

BMI 分类	WHO 标准	亚洲标准	中国参考标准	相关疾病发病的危险性
偏瘦	<18.5	<18.5	<18.5	低（但其他疾病危险性增加）
正常	18.5～24.9	18.5～22.9	18.5～23.9	平均水平
超重	≥25	≥23	≥24	—
偏胖	25.0～29.9	23～24.9	24～26.9	轻度
肥胖	30.0～34.9	25～29.9	27～29.9	中度
重度肥胖	35.0～39.9	≥30	≥30	严重
极重度肥胖	≥40.0	—	—	非常严重

即使这样，还有些人不适用这个标准，例如：

❑ 未满 18 岁者。

❑ 运动员。

❑ 正在做负重训练的人。

❑ 怀孕或哺乳中的人。

❑ 虚弱或久坐不动的老人。

请根据上述资料设计一个身体肥胖程度快速测试器程序。

1.6　重复型计算

与人工计算相比,计算机最大的优势在于其不怕烦琐,可以高速计算。但同时,也需要花费不少精力进行程序设计。重复(repetition)结构也称循环(loop)结构,就是控制一段代码反复执行多次。因此,若能把一个计算过程描述成部分代码的重复执行,既充分发挥了高速计算的优势,又大大缩短了程序的长度,提高了程序设计的效率。

Python 提供了两种循环控制结构:while 循环结构和 for 循环结构。尽管它们都可以控制多个语句重复执行,但这两种结构从外部看在语法上都各相当于一个语句。

1.6.1　while 语句

1. while 循环语法格式

while 循环语法格式如下:

```
while 条件:
    语句块(循环体)
```

说明:

1)当程序流程到达 while 结构时,while 就以某个命题作为循环条件(loop continuation condition),此条件为 True,就进入该循环;为 False,就结束该循环。

2)流程进入该循环后,将顺序执行循环体中的语句。

3)每执行完一次循环体,就会返回到循环体前,再对“条件”进行一次测试,为 True 就再次进入该循环,为 False 就结束该循环。

4)循环应当在执行有限次后结束。为此,在循环体内应当有改变“条件”值的操作。同时,为了能在最初进入循环,在 while 语句前也应当有对“条件”进行初始化的操作。

代码 1-33　用 while 结构输出 2 的乘幂序列。

```
>>> n = int(input('请输入序列项数: '))
请输入序列项数: 5
>>> power = 1
>>> i = 0                          #初始化计数器
>>> while i <= n :                 #循环次数不大于 n
    print('2 ^',i,'=',power)
    power *= 2
    i += 1
2 ^ 0 = 1
2 ^ 1 = 2
2 ^ 2 = 4
2 ^ 3 = 8
2 ^ 4 = 16
2 ^ 5 = 32
```

说明:为什么 power 指向的初值为对象 1,而 i 指向的对象初值为 0?因为 power 指向的对象要进行乘操作,而 i 指向的对象要进行加操作。

2. 由用户输入控制循环

在游戏类程序中,当用户玩了一局后,是否还要继续不能由程序控制,要由用户决定。这种循环结构的循环继续条件是基于用户输入的。

代码 1-34 由用户输入控制循环示例。

```
#其他语句
#…
isContinue = 'Y'
while isContinue == 'Y' or isContinue == 'y':
    #主功能语句,如游戏相关语句
    …
    #主功能语句结束
    isContinue = input('Enter Y or y to continue and N or n to guit:')
```

注意:人们最容易犯的错误是将循环条件中的==写成=。

3. 用哨兵值控制循环

哨兵值(sentinel value)是一系列值中的一个特殊值。用哨兵值控制循环就是每循环一次,都要检测一下这个哨兵值是否出现。一旦出现,就退出循环。

代码 1-35 用哨兵值控制循环——分析考试情况:记下最高分、最低分和平均成绩。

```
>>> total = highest = 0                    #总分数、最高分数初始化
>>> minimum = 100                          #最低分数初始化
>>> count = 0                              #成绩数初始化
>>> score = int(input('输入一个分数:'))
输入一个分数:83
>>> while(score != -1)  :                  #哨兵值作为循环继续条件
    count += 1                             #分数数
    total += score                         #总分数加一个分数
    highest = score if score > highest else highest
    minimum = score if score < minimum else minimum
    score = int(input('输入下一个分数:'))
输入下一个分数:65
输入下一个分数:79
输入下一个分数:55
输入下一个分数:95
输入下一个分数:87
输入下一个分数:80
输入下一个分数:77
输入下一个分数:-1
>>> print('最高分 = ', highest,',最低分 =', minimum, ',平均分 =', total / count))
最高分 = 95, 最低分 = 55,平均分 = 77.625
```

1.6.2 for 语句

for 循环是 Python 提供的功能最强大的循环结构,其最基本的语法格式如下:

```
for 循环变量 in range(初值,终值,递增值):
    语句块(循环体)
```

说明:

1)在 Python 3.x 中,range()的作用是每次依次返回一个整数序列中的一个值。这

个整数序列由 range 的初值、终值和递增值三个 int 类型参数决定：从初值开始到终值前以递增值递增。递增值缺省时，默认其为 1；初值缺省时，默认其为 0。并且只有当递增值缺省时，才可缺省初值。表 1.11 为 range()用法实例。

表 1.11　range()用法实例

range()生成器设置	对应的整数序列	说　　明
range(2, 10, 2)	[2, 4, 6, 8]	序列不包括终值
range(2, 10)	[2, 3, 4, 5, 6, 7, 8, 9]	省略递增值，默认按 1 递增
range(0, 10, 3)	[0, 3, 6, 9]	有递增值，初值不可省略
range(10)	[0, 1, 2, 3, 4, 5, 6, 7, 8, 9]	递增值缺省，才可缺省初值，默认初值为 0
range(–4, 4)	[–4, –3, –2, –1, 0, 1, 2, 3]	初值可以为负数
range(4, –4, –1)	[4, 3, 2, 1, 0, –1, –2, –3]	终值小于初值，递增值应为负数

2）for 结构相当于如下 while 结构。

当程序流程到达 for 结构时，for 就把 range 中给出的循环变量初值赋值给循环变量。所以，采用这种结构不需要另外一个单独的初始化表达式。这也说明了，for 循环不需要先测试再进入。

流程进入该循环后，将顺序执行循环体的语句。每执行完一次循环体，就会在 range()产生的序列中取下一个值作为循环变量的值，直到取完序列中的最后一个值。当递增值为 1 时，循环变量就是一个控制循环次数的计数器。所以，for 循环也称计数式循环。

代码 1-36　测试 for 执行的循环变量值。

```
>>> for i in range(1,10):
    print(i,end = '\t')
1   2   3   4   5   6   7   8   9
```

说明：

1）输出的最后一个数是 10–1，即 9。

2）在 Python 中，一个 print()函数除有一个输出数据作参数外，还可以用一个 end 参数指定一个最后的操作。在上述代码中，end 指向的是'\t'，表示一个制表符，即下一个数字要与前一个数字相隔一个制表距离。若 end 参数项缺省，则默认为一个换行操作。

代码 1-37　用 for 循环输出 2 的乘幂序列。

```
>>> n = int(input('请输入序列项数: '))
请输入序列项数: 5
>>> power = 1
>>> for i in range( n + 1):          #循环变量依次取[1,n]中的各整数
    print('2 ^',i,'=',power)
    power *= 2                        #指数加 1
2 ^ 0 = 1
2 ^ 1 = 2
2 ^ 2 = 4
2 ^ 3 = 8
2 ^ 4 = 16
2 ^ 5 = 32
```

执行结果与代码 1-33 相同。

3）for 不一定依靠 range()，它也可以借助任何一个序列（如字符串）实现迭代。

代码 1-38 用字符串实现 for 循环迭代过程。

```
>>> x = 'I\'mplayingPython.'
>>> for i in x:
    print(i,end = '')

I'mplayingPython.
```

说明：这个 print() 函数先输出一个字符，然后输出一个 end 指向的字符串。这里，end 指向的是两个紧挨在一起的单撇号，即不指向任何字符串。因此，下一个字符要紧靠前一个字符打印，直到打印完变量 x 指向的完整字符串。

1.6.3 循环嵌套

一个循环结构中还包含循环结构就是循环嵌套。

1. for 循环嵌套举例

例 1.2 用 for 结构输出一张如图 1.10 所示的矩形九九乘法口诀表。

问题分析：输出矩形九九乘法口诀表的过程，按照该表的结构可以分为以下三部分：

S1：输出表头；

S2：输出隔线；

S3：输出表体。

图 1.10 矩形九九乘法口诀表

1）**S1**：输出表头。表头有 9 个数字 1，2，…，9，可以看成输出一个变量 i 的值，其初值为 1，每次加 1，直到 9 为止。这使用 for 结构最合适。设每个数字区占 4 个字符空间，则很容易写出 S1。代码如下：

```
for i in range(1,10):
    print('%4d'%i,end = '')        #输出 1 个数，占 4 个字符空间，不换行
print()                            #输出一个换行
```

说明：这段代码中使用了两个 print()。第一个 print() 有两个参数：数据参数和结尾参数。关于结尾参数前面已经介绍，这里主要介绍数据参数。它由两部分组成：以 % 引导的格式字符串和以 % 引导的数据对象。在这个格式字符串中，d 表示后面要输出的数据对象是一个整数，4 表示这个整数数据输出时占用 4 个字符空间，并且默认是右对齐。

由于打印 9 个数字时不换行，所以打印完最后一个数字需要增加一个打印换行的操作，否则后面要打印的数据会接着 9 打在同一行中。这个操作由第二个 print() 执行。

链 1-6 用格式字段格式化数据

2）**S2**：输出隔线。考虑隔线的总宽度与表头同宽，只打印 4×9 个短线即可。代码

如下：

```
print('-' * 36)
```

3）**S3**：输出表体。这个表体中的每个位置上的数字都是两个数的积。设这个积为 i * j，i 随行变，j 随行中的列变。为此采用一个嵌套循环结构：j 在内层，既作为行内列的控制变量，又作为每个位置上的一个乘数；i 在外层，既作为行的控制变量，又作为每行的一个乘数。它们的循环都在[1，9]进行。代码如下：

```
for i in range(1,10):
    for j in range(1,10):
        print('%4d'%(i * j),end = '')        #输出 1 个整数，占 4 个字符空间，不换行
    print()                                   #输出一个换行
```

上述三部分组合，就得到了完整的如图 1.10 所示的打印矩形九九乘法口诀表的程序代码。

代码 1-39　输出矩形九九乘法口诀表的程序代码。

```
>>> for i in range(1,10):
        print('%4d'%i,end = '')              #输出 1 个数，占 4 个字符空间，不换行

   1   2   3   4   5   6   7   8   9
>>> print()                                  #输出一个换行

>>> print('-' * 36)
------------------------------------
>>> for i in range(1,10):
        for j in range(1,10):
            print('%4d'%(i * j),end = '')    #输出 1 个数，占 4 个字符空间，不换行
        print()                              #输出一个换行
   1   2   3   4   5   6   7   8   9
   2   4   6   8  10  12  14  16  18
   3   6   9  12  15  18  21  24  27
   4   8  12  16  20  24  28  32  36
   5  10  15  20  25  30  35  40  45
   6  12  18  24  30  36  42  48  54
   7  14  21  28  35  42  49  56  63
   8  16  24  32  40  48  56  64  72
```

2. while 循环嵌套举例

代码 1-40　用 while 结构输出一张如图 1.11 所示的左下直角三角形九九乘法表。

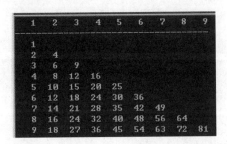

图 1.11　左下直角三角形九九乘法表

```
>>> i = 1
>>> while i <= 9:
    print('%4d'%i,end = '')
    i += 1
   1   2   3   4   5   6   7   8   9
>>> print()

>>> print('-' * 36)
------------------------------------
>>> k = 1
>>> while k <= 9:
    j = 1
    while j <= k:
        print ('%4d'%(k * j),end = '')
        j += 1
    print()
    k += 1

   1
   2   4
   3   6   9
   4   8  12  16
   5  10  15  20  25
   6  12  18  24  30  36
   7  14  21  28  35  42  49
   8  16  24  32  40  48  56  64
   9  18  27  36  45  54  63  72  81
```

1.6.4 在交互环境中执行功能完整的代码段

一般来说，在交互环境中可以一条一条地执行指令，并立即给出结果。这样，对于尝试语言机制很有好处，但也带来许多不便。例如，代码 1-39 和代码 1-40 由于语句一条一条地执行，给人一种支离破碎的感觉，不能把完整的输出一次性地展示出来。本节介绍一种在交互环境中执行功能完整代码段的方法。读者只需按照这种格式套用即可。

代码 1-41 在交互模式中一次性执行打印九九乘法口诀表（由代码 1-40 改写）。

```
>>> if __name__ == "__main__":
    i = 1
    while i <= 9:
        print('%4d'%i,end = '')
        i += 1
    print()

    print('-' * 36)

    k = 1
    while k <= 9:
        j = 1
        while j <= k:
            print ('%4d'%(k * j),end = '')
            j += 1
        print()
        k += 1
```

```
    1  2  3  4  5  6  7  8  9
------------------------------------
    1
    2  4
    3  6  9
    4  8  12  16
    5  10  15  20  25
    6  12  18  24  30  36
    7  14  21  28  35  42  49
    8  16  24  32  40  48  56  64
    9  18  27  36  45  54  63  72  81
```

说明：__name__ 为一个 Python 模块的内置属性。当这个属性等于 " __main__ " 时，就表明这个模块为当前主模块，可以直接执行，否则将作为其他模块被别的模块调用。

1.6.5　循环中断语句与短路语句

循环中断与短路的概念如图 1.12 所示。

1）循环中断语句 break：循环在某一轮执行到某一语句时已经有了结果，不需要再继续循环，就用这个语句跳出（中断）循环，跳出本层循环结构。

2）循环短路语句 continue：某一轮循环还没有执行完，已经有了这一轮的结果，后面的语句不需要执行，需要进入下一轮时，就用这个语句短路该层后面还没有执行的语句，直接跳到循环起始处，进入下一轮循环。

注意：在循环嵌套结构中，它们只对本层循环有效。

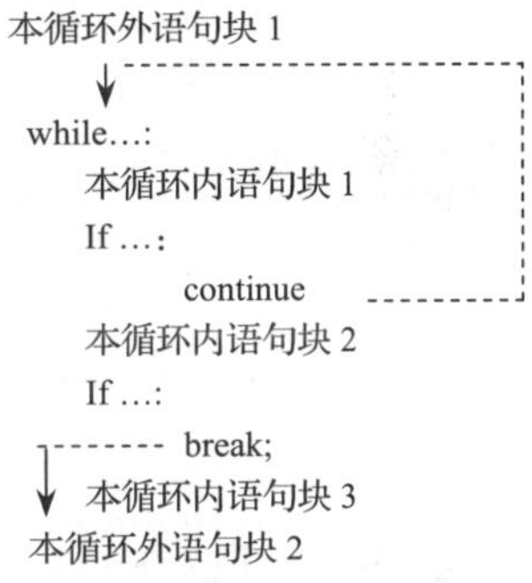

例 1.3　测试一个数是否为素数。

```
本循环外语句块 1
    ↓
while...:
    本循环内语句块 1
    If ...:
        continue
    本循环内语句块 2
    If ...:
        break;
    本循环内语句块 3
本循环外语句块 2
```

图 1.12　循环中断与短路的概念

分析：素数（prime number）又称质数。在大于 1 的自然数中，除了 1 和它本身以外不再有其他因数的数称为素数。按照这个定义判断一个自然数 n 是否为素数：用从 2 到 n-1 依次去除这个 n。一旦发现此间有一个数可以整除 n，就可以判定 n 不是素数；若到 n-1 都不能整除 n，则 n 就是素数。

代码 1-42　用 range(2, n-1) 设置循环范围，判定一个自然数是否为素数。

```python
>>> if __name__ == '__main__':
    flag = 1
    n = int(input('输入一个自然数：'))
    for i in range(2, n - 1):
        if n % i == 0:
            flag = 0
            break
        else:
            continue
    if flag == 0:
        print('%d 不是素数。'%(n))
    else:
        print('%d 是素数。'%(n))
输入一个自然数：5
5 是素数。
```

1.6.6 for-else 语句与 while-else 语句

看到代码 1-42 许多人都会感觉到它有些烦琐。为处理这类问题，Python 允许为重复结构增加一个 else 分支。

代码 1-43 代码 1.42 改用有 else 分支的 for 语句后的情形。

```
>>> if __name__ == '__main__':
    flag = 1
    n = int(input('输入一个自然数: '))
    for i in range(2, n - 1):
        if n % i == 0:
            print('%d 不是素数。'%(n))
            break                    #for 用 break 中断
    else:                            #for 的 else 分支
        print('%d 是素数。'%(n))

输入一个自然数: 6
6 不是素数。
```

另一次执行情况：

```
输入一个自然数: 5
5 是素数。
```

说明：

1）采用 for-else 结构时，for 分支须用 break、return 或异常中断，否则会出现逻辑错误。

代码 1-44 不使用 break、return 或异常中断 for 分支的 for-else 结构运行情况。

```
>>> if __name__ == '__main__':
    flag = 1
    n = int(input('输入一个自然数: '))
    for i in range(2, n - 1):
        if n % i == 0:
            print('%d 不是素数。'%(n))
    else:
        print('%d 是素数。'%(n))

输入一个自然数: 6
6 不是素数。
6 不是素数。
6 是素数。
```

2）while-else 结构与 for-else 结构的作用及用法相同。

习题 1.6

1. 代码分析题

（1）执行下面的代码后，m 和 n 分别指向什么？

```
n = 123456789
m = 0
while n != 0:
    m = (10 * m) + (n % 10)
    n /= 10
```

（2）阅读下列代码段，指出与数列和 $1/1^2 + 1/2^2 + \cdots + 1/n^2$ 一致的是哪一项？设 n 指向正整数 1000000，total 最初指向 0.0。

（a）

```
for i in range(1, n + 1):
    total += 1 / (i * i)
```

（b）

```
for i in range(1, n + 1):
    total += 1.0 / i * i
```

（c）

```
for i in range(1, n + 1):
    total += 1.0 / (i * i)
```

（d）

```
for i in range(1, n+1):
    total += 1 .0/(1.0 * i * i)
```

（e）

```
for i in range(1, n):
    total += 1.0 / (i * i))
```

（f）

```
for i in range(1, n):
    total += 1.0 / (1.0*i * i)
```

（3）给出下面代码的输出结果。

（a）

```
i = 5
while i > 5:
    print (i)
```

（b）

```
for j in range(10):
    j += j
print (j)
```

（c）

```
j = 0
for i in range(j, 10):
    j += i
print (j)
```

（d）

```
j = 0
for i in range(10):
    j += j
print (j)
```

（e）

```
f = 0; g = 1
for i in range(16):
    print(f, end = ' ')
    f = f + g
    g = f-g
```

（f）

```
s = ''
while n > 0:
    s = str(n % 2) + s
print (s)
n /= 2
```

（4）给出下面代码的输出结果。

```
v1 = [i%2 for i in range(10)]
v2 = (i%2 for i in range(10))
print(v1,v2)
```

（5）假设 n = 1 000 000，total 的初始值为 0.0，请给出下列代码的输出内容。

（a）

```
for i in range(1, n + 1):
    total += 1 / (i * i)
    print (total)
```

（b）

```
for i in range(1, n + 1):
    total += 1.0 / (i * i)
    print (total)
```

（c）

```
for i in range(1, n + 1):
    total += 1.0 / i * I
    print (total)
```

（d）

```
for i in range(1, n + 1):
    total += 1.0 / (1.0 * i * i
    print (total)
```

2. 选择题

阅读链 1-5，完成下列各题。

（1）要将 3.1415926 变成 00003.14，在下列选项中正确的格式化是_____。

A. "%.2f"% 3.1415629　　　　　　　　　　B. "%8.2f"% 3.1415629

C. "%0.2f"% 3.1415629　　　　　　　　　　D. "%08.2f"% 3.1415629

（2）Python 语句 print(len('\x48\x41!')) 的执行结果是_____。

A. 9　　　　　　　B. 6　　　　　　　C. 5　　　　　　　D. 3

（3）Python 语句 print('\x48\x41!') 的执行结果是_____。

A. '\x48\x41!'　　　B. 4841!　　　　　C. 4841　　　　　D. HA!

3. 实践题

（1）输出 500 之内所有能被 7 或 9 整除的数。

（2）古希腊人将因子之和（自身除外）等于自身的自然数称为完全数。设计一个 Python 程序，输出给定范围中的所有完全数。

（3）用一行代码计算 1～100 之和。

（4）编写程序，提示用户输入一个十进制整数，输出一个二进制数。

1.7　迭代与穷举

程序是计算之魂，而程序之魂是人们为求解问题整理出的计算思路，这些思路被称为算法（algorithm）。一般来说，求解不同类型的问题有不同的算法，求解同一个问题也会有不同的算法，只是不同算法的效率有所不同。因此，算法的研究与开发就成为程序设计最核心的内容。

算法尽管多种多样，但在组成上，一定有一些环节或元素是可以共享的。有许多相同的计算环节可以组成不同算法的基本元素，这是程序设计研究和学习的重要内容。本节要介绍的迭代与穷举就是应用极为频繁的两种重要的算法元素。

1.7.1　迭代

1. 迭代的概念与基本步骤

迭代（iteration）就是不断用变量新绑定的对象替代其旧绑定的对象，不断向目标靠近，直到得到需要的对象。如图 1.13 所示，以前农村磨面，每转一圈，颗粒就粉碎一次，直到全变成面粉。显然，迭代应当采用重复结构，并且由如下三要素组成。

1）建立迭代关系，即一个问题中某个属性的后值与前值之间的关系。

2）设置迭代初始状态，即迭代变量的初始绑定值。

3）确定迭代终止条件。

与迭代相近的概念是递推（recursive）。递推是按照一定的规律通过序列中的前项值导出序列中指定项的值。由于在程序中，一个序列中的前项和后项与一个变量原先绑定对象和新绑定对象之间

图 1.13　以前的农村磨面

常常没有严格的区分方法，所以递推与迭代也没有严格的区别。实际上，它们的基本思想都是把一个复杂而庞大的计算过程转换为简单过程的多次重复。

从结束条件的取值看，迭代可以分为精确迭代和近似迭代两种。

2. 精确迭代举例

精确迭代过程中的每一步都必须按相关的计算法则正确进行，并且所用的计算公式要能准确地表达有关的几个数量间的关系。因此，经过有限步骤，就能得到准确的结果。

（1）问题描述

例 1.4　用更相减损术求两个正整数的最大公约数（Greatest Common Divisor，GCD）。

最大公约数也称最大公因数、最大公因子，指两个或多个整数共有约数中最大的一个。a、b 的最大公约数记为 (a, b)。同样，a、b、c 的最大公约数记为 (a, b, c)，多个整数的最大公约数也有同样的记号。求最大公约数有多种方法，我国古代《九章算术》（见图 1.14）中记载的更相减损术是与欧几里得的辗转相除法可以媲美的最古老的迭代算法之一。

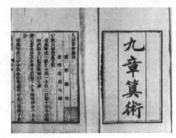

图 1.14　中国古代的《九章算术》

（2）算法分析

《九章算术》中记载的更相减损术原文是："可半者半之；不可半者，副置分母、子之数，以少减多，更相减损，求其等也。以等数约之"。白话译文为：（如果需要对分数进行约分，那么）可以折半，就折半（也就是用 2 约分）；如果不可以折半，就比较分母和分子的大小，用大数减去小数，互相减来减去，一直到减数与差相等为止。该算法原本是计算约分的，去掉前面的"可半者半之"，就是一个求最大公约数的方法。图1.15 是用它计算两个正整数的算法流程图。其中的菱形框为判断，矩形框为操作，斜边平行四边形为输入或输出。

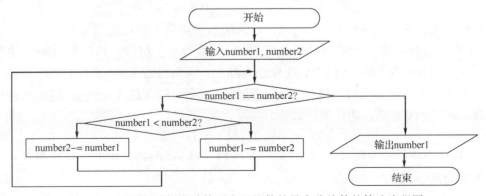

图 1.15　用更相减损术计算两个正整数的最大公约数的算法流程图

下面是按照这个算法进行计算的示例：

（98，63）=（35，63）=（35，28）=（7，28）=（7，21）=（7，14）=（7，7）= 7

（3）参考代码

代码 1-45 用更相减损术计算两个正整数的最大公约数。

```python
if __name__ == '__main__':
    from math import *
    number1 = eval (input ('输入第 1 个正整数：'))
    number2 = eval (input ('输入第 2 个正整数：'))

    while number1 != number2:
        print ('(%d,%d) ='%(number1,number2),end = '')
        if  number1 < number2:
            number2 -= number1
        else:
            number1 -= number2
    print('%d'%(number1))
```

```
输入第 1 个正整数：98
输入第 2 个正整数：63
(98,63) =(35,63) =(35,28) =(7,28) =(7,21) =(7,14) =7
```

3. 近似迭代举例

近似迭代中得到的结果不要求完全准确，只要求误差不超出规定的范围，并且以要求的准确度是否到达，决定迭代是否结束。

（1）问题描述

例 1.5 使用格雷戈里–莱布尼茨级数计算 π 的近似值。

圆是人类生活中极为常见的图形之一。在计算它的半径、周长与面积的过程中，人们发现了圆周率（ratio of circumference to diameter），并想方设法寻找它的精确值。格雷戈里–莱布尼茨级数就是其中一种，它的计算公式为

$$\pi = (4/1) - (4/3) + (4/5) - (4/7) + (4/9) - (4/11) + (4/13) - (4/15)\cdots$$

（2）算法分析

根据迭代法，需要分析格雷戈里–莱布尼茨级数，找出其三个要素。为了便于计算，将格雷戈里–莱布尼茨级数简单变换为

$$pi4 = \pi / 4 = 1/1 - 1/3 + 1/5 - 1/7 + \cdots$$

这样，迭代求 π 就变成迭代求 pi4，计算的结果再乘 4 即可得到 π。

1）建立迭代关系。按照变换后的格雷戈里–莱布尼茨级数，可以把其每一项写为 1/i，下一项的分母为 i +=2。但是，这样还有问题，因为格雷戈里–莱布尼茨级数是一加一减，为了表示正负，把每一项写成 s/i。迭代时，下一项有迭代 s = –s，即可使各项正负交叠。对于 pi4 来说，迭代执行操作

$$s = -s; i += 2; pi4 = pi4 + s/i$$

2）迭代初值。按照格雷戈里–莱布尼茨级数，对 pi4 的迭代中有三个变量，它们的初值依次为

$$s = 1; i = 1.0; pi4 = 1.0$$

3）确定迭代终止条件。由于格雷戈里–莱布尼茨是无穷级数，所以得到其精确值是一个无穷计算过程，这是永远没有办法实现的。人们只能在达到需要的精度后结束迭代过程，即在|π / 4 – pi4|小于预先给定的误差后结束迭代。但是，精确的 π 是不知道的。一个变通的办法是：考虑这个级数是收敛的，也就是说，相邻两个中间值之差会越来越小，因此可以把一个中间值与精确 π 之差变通为两个迭代中间值之差，即当两个相邻中间值之差的绝对值小于给定误差时，就可以终止迭代。对本题来说，每一项变化的值就是|s / i|。

现在要确定这个误差值如何选定。由于在 64 位的计算机中，float 类型的精度是 15 位，故以小于 1.0e–15 的数作为误差，将会使迭代无限进行下去。并且，误差越小，运行时间越长。所以，误差值的选择应基于应用的需要，不是越小越好。

（3）参考代码

代码 1-46　用求格雷戈里–莱布尼茨无穷级数计算 π 近似值的基本程序。

```
#code022601.py
s = 1; i = 1
pi4 = 1
err = 1e-10
while abs(s / i) > err:
    s = -s; i += 2; pi4 = pi4 + s/i
print ('误差为%G 时的 π 值为%f。'%(err,pi4 * 4))
```

（4）扩展代码

代码 1-47　分别按不同精度进行 π 近似值的计算。

```
if __name__ == '__main__':

    err = 1e-5
    while err > 1.0e-10:
        s = 1; i = 1; pi4 = 1
        while abs(s / i) > err:
            s = -s; i += 2; pi4 = pi4 + s/i
        print ('误差值:{0:g}\t 计算所得 π 值:{1:18.17f}.'.format(err, (pi4 * 4)))
        err = err/10


误差值: 1e-05 计算所得 π 值: 3.14161265318978522.
误差值: 1e-06 计算所得 π 值: 3.14159465358569223.
误差值: 1e-07 计算所得 π 值: 3.14159285358973950.
误差值: 1e-08 计算所得 π 值: 3.14159267359025041.
误差值: 1e-09 计算所得 π 值: 3.14159265558925771.
误差值: 1e-10 计算所得 π 值: 3.14159265378820107.
```

一般情况下，科学记数法把 $a×10^n$ 记为 ae+n（或 aE+n），其中($1 \leqslant |a| < 10$, n 为整数）。

1.7.2　穷举

1. 穷举的概念与基本步骤

在许多情况下，问题的初始条件是可能含有解的集合。这时，问题的求解就是从这个可能含有解的集合中搜索（search）问题的解。穷举（枚举）法（exhaustive attack method）又称蛮力法（brute-force method），就是根据问题中的部分约束条件对解空间逐一搜索、验证，以按照需要得到问题的一个解、一组解或得到在这个集合中解不存在的结论。

穷举一般采用重复结构，并且由如下三要素组成。

1）穷举范围。

2）判定条件。

3）穷举结束条件。

穷举算法是所有搜索算法中最简单、最直接的一种算法。但是，其效率比较低。有相当多的问题需要运行较长的时间。为了提高效率，使用穷举算法时，应当充分利用各种有关知识和条件，尽可能地缩小搜索空间。前面讨论过的判定一个数是否为素数，须不断用从 2 开始的数去一一相除，这就是一个穷举过程；在一个自然数区间内，逐一对每个数判定是否为素数，从而打印出该区间的所有素数的过程也是一个穷举过程。下面介绍一个典型的穷举问题。

2. 穷举应用举例

（1）问题描述

例 1.6 百钱买百鸡是我国古代数学家张丘建在《算经》一书中提出的数学问题：鸡翁一值钱五，鸡母一值钱三，鸡雏三值钱一。百钱买百鸡，问鸡翁、鸡母、鸡雏各几只？

设鸡翁、鸡母、鸡雏的数量分别为 cocks、hens、chicks，则可得如下模型：

$$5 \times cocks + 3 \times hens + chicks / 3.0 = 100$$

$$cocks + hens + chicks = 100$$

这是一个不定方程——未知数个数多于方程数，因此求解还须增加其他约束条件。下面考虑如何寻找另外的约束条件：按常识，cocks、hens、chicks 都应为正整数，且它们的取值范围分别应为

cocks：0～20（假如 100 元全买 cocks，最多 20 只）

hens：0～33（假如 100 元全买 hens，最多 33 只）

chicks：0～100（假如 100 元全买 chicks，最多 100 只）

以此作为约束条件，就可以在有限范围内找出满足上述两个方程的 cocks、hens、chicks 的组合。一个自然的想法是：依次对 cocks、hens、chicks 取值范围内的各数进行试探，找满足前面两个方程的组合。

这样，就可以得到本题的穷举过程。

（2）算法分析

首先从 0 开始，列举 cocks 的各个可能值，在每个 cocks 值下找满足两个方程的一组解，算法如下：

```
for cocks in range(0,20) :
    S1: 找满足两个方程的解的 hens, chicks
    S2: 输出一组解
```

下面进一步用穷举法表现其中的 S1：

```
for hens in range(0,33):
    S1.1 找满足方程的一个 chicks
    S1.2 输出一组解
```

由于列举的每个 cocks 与每个 hens 都可以按下式求出一个 chicks：

$$chicks = 100 - cocks - hens$$

因此，只要该 chicks 满足另一个方程

$$5 \times cocks + 3 \times hens + chicks / 3.0 = 100$$

便可以得到一组满足题意的 cocks、hens、chicks，故 S1.1 与 S1.2 可以进一步表示为

```
chicks = 100 - cocks - hens;
if 5 * cocks + 3 * hens + chicks / 3 == 100:
    print(cocks,hens,chicks,sep = '\t')
```

（3）参考代码

经过剥葱头似的几步求解过程，再加入类型声明语句并调整输出格式，便可得到一个 Python 程序。

代码 1-48　百钱买百鸡程序。

```
>>> if __name__ == '__main__':
    print('鸡翁数','鸡母数','鸡雏数',sep='\t')
    for cocks in range(0,20):
        for hens in range(0,33):
            chicks = 100 - cocks - hens
            if 5 * cocks + 3 * hens + chicks / 3 == 100:
                print(cocks,hens,chicks,sep = '\t')

鸡翁数    鸡母数    鸡雏数
0        25       75
4        18       78
8        11       81
12       4        84
```

习题 1.7

实践题

（1）百马百担问题：有 100 匹马，驮 100 担货，大马驮 3 担，中马驮 2 担，两匹小马驮 1 担，则有大、中、小马各多少匹？请设计求解该题的 Python 程序。

（2）爱因斯坦的阶梯问题：设有一阶梯，每步跨 2 阶，最后余 1 阶；每步跨 3 阶，最后余 2 阶；每步跨 5 阶，最后余 4 阶；每步跨 6 阶，最后余 5 阶；每步跨 7 阶时，正好到阶梯顶。问共有多少个阶梯？

（3）破碎的砝码问题。法国数学家梅齐亚克在他所著的《数字组合游戏》中提出一个问题：一位商人有一个质量为 40 磅（1 磅=0.4536 千克）的砝码，一天不小心被摔成了 4 块。不过，商人发现这 4 块的质量虽各不相同，但都是整磅数，并且可以是 1～40 之间的任意整数磅。问这 4 块砝码碎片的质量各是多少。

（4）奇妙的算式：有人用字母代替十进制数字写出下面的算式。请找出这些字母代表的数字。

$$
\begin{array}{r}
E\,G\,A\,L \\
\times \quad\quad L \\
\hline
L\,G\,A\,E
\end{array}
$$

（5）牛的繁殖问题。有一位科学家曾出了这样一道数学题：一头刚出生的小母牛从第四个年头

起，每年年初要生一头小母牛。按此规律，若无牛死亡，买来一头刚出生的小母牛后，到第 20 年头上共有多少头母牛？

（6）把下列数列延长到第 50 项：

1, 2, 5, 10, 21, 42, 85, 170, 341, 682, …

（7）某日，王母娘娘送唐僧一批仙桃，唐僧命八戒去挑。八戒从娘娘宫挑上仙桃出发，边走边望着眼前箩筐中的仙桃咽口水，走到 128 里（1 里=500 米）时，倍觉心烦腹饥、口干舌燥不能再忍，于是找了个僻静处开始吃前面箩筐中的仙桃，越吃越有兴致，不觉得已将一筐仙桃吃尽，才猛然觉得大事不好。正在无奈之时，发现身后还有一筐，便转悲为喜，将身后的一筐仙桃一分为二，重新上路。走着走着，馋病复发，才走了 64 里路，便故伎重演，吃光一筐仙桃后，又把另一筐一分为二，才肯上路。以后，每走前一段路的一半，便吃光一头箩筐中的仙桃才上路。如此这般，最后一里路走完，正好遇上师傅唐僧。师傅唐僧一看，两个箩筐中各只有一个仙桃，于是大怒，要八戒交代一路偷吃了多少仙桃。八戒掰着指头，好久也回答不出来。

请设计一个程序，为八戒计算一下他一路偷吃了多少个仙桃。

（8）狗追狗的游戏。在一个正方形操场的四个角上放 4 条狗，游戏令下，让每条狗去追位于自己右侧的那条狗。若狗的速度都相同，问这 4 条狗要多长时间可以会师？操场的大小和狗的速度请自己设置。

第 2 章　Chapter 2

Python 过程组织与管理

在程序中，一组指令就描述了一个过程，一个程序往往由许多过程组成。随着计算机应用的深入，程序代码量急剧增大，复杂性随之膨胀，程序中的过程数量不仅随之增加，过程之间的关系也越来越复杂。在这种情况下，如何组织与管理过程关系到程序的可靠性、可测试性、正确性和执行效率。

由于各种原因，程序代码可能会被正常执行，也可能会在执行中出现异常。作为一个健壮的程序，不仅应当正确地执行实现需求的正常代码，还应当有代码处理可能出现的异常现象，即使无法处理，也应该能显示出现了什么问题，不致让用户莫名其妙。随着程序设计技术的发展，正常执行过程和异常处理过程都已经形成了比较成熟的模式：函数（function）和异常处理。

代码复用是提高程序设计效率的重要途径。函数是一种最常用的代码复用技术，它封装了一组具有独立功能的过程代码，使之成为过程"零件"来"装配"程序过程，并且这种"零件"既可以自己生产，也可以由别人"生产"。

与函数相关的是名字的管理问题。限定名字的作用域和定义空间，可以有效地避免将不同人设计的函数用到同一程序中时名字之间的冲突。

异常处理则是一种把正常运行代码和出现异常时的处理相分离的技术。

2.1　Python 函数

函数技术是程序模块化的产物。程序模块化是一种控制问题复杂性的手段，其基本思想是将一个复杂的程序按照功能进行分解，使每一个模块成为功能单一的代码块封装体，不仅使结构更加清晰，还大大降低了程序的复杂性和设计难度，同时在一定程度上实现了代码复用，有利于提高程序的可靠性、可测试性、可维护性和正确性。

许多程序可以用函数作为元件构建而成。为便于用户开发，Python 提供了强大的内置函数，也收集了丰富的标准库和第三方社区开发的函数。尽管如此，还是不能满足所有的应用，仍需要程序员自己设计一些函数。本节介绍有关函数设计的技术。

2.1.1 函数及其基本环节

作为承载模块职能的重要机制，函数具有三方面的意义：一是形成一段代码的封装体；二是实现一个功能；三是可以被重复使用。图 2.1 为函数被重复使用的示意图。

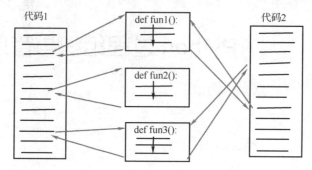

图 2.1　函数被重复使用的示意图

所有的函数都是以调用的形式被重复使用的，将一段程序代码进行封装的过程称为函数定义。一个函数被调用，就会完成特定的操作，有时还会向程序调用处送出一个它执行后产生的数据值，这称为函数返回。所以，调用、创建和返回是函数面临的三大基本环节。图 2.2 形象地表示了三者之间的关系。

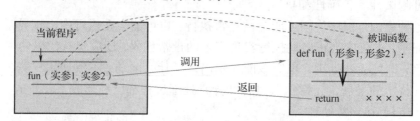

图 2.2　函数对象的调用、创建和返回

1. 函数调用

（1）函数调用的作用

简单来说，函数就是用一个名字代表一段程序代码。所以，函数调用就是通过一个函数名使用一段代码，并且根据需要还要向函数传递一些数据。这些数据的传递通过参数的虚实结合进行。总之，函数调用是通过三个关键性操作完成的。

1）参数传递。计算机执行程序的流程在当前程序中，当执行到调用表达式时，就会先把函数调用表达式中的实际参数传递给函数定义中的形式参数。例如，用 pow(2, 8) 调用函数会把 2 传递给 x，把 8 传递给 y。

2）保存现场。由于当前程序没有结束，所以会有一些中间执行结果和状态。为了能在函数返回时接着执行，就要将这些中间执行结果和状态保存起来。不过，这个操作是系统在后台进行的操作，在程序中并不表现出来。

3）流程转移。将计算机执行程序的流程从当前调用语句转移到函数的第一个语句，开始执行函数中的语句。

需要注意的是，要调用一个模块中的函数，必须先用 import 将模块导入。

（2）函数调用的形式

函数调用是一个表达式，格式如下：

函数名（实际参数列表）

函数 pow(x, y)用来计算 x^y，创建时并不知道 x 是多少，y 是多少，所以，x 和 y 称为形式参数（formal parameters），简称形参（parameter）。调用这个函数式，必须说明需要计算的 x 的实际值和 y 的实际值。例如，计算 2^8 时，调用的表达式为 pow(2, 8)，其中 2 和 8 称为实际参数（actual parameter），简称实参（argument）。

调用表达式可以单独构成一个语句，如 print()；也可用来组成别的表达式，如表达式 a = pow(2, 8)。

2. 函数对象的创建

Python 的函数对象的创建结构如下，由函数头（function header）和函数体（function body）两部分组成：

---

def 函数名 （参数列表）：
　　函数体

（1）函数头

函数头由关键字 def 引出，def 是一个执行语句关键字。当 Python 解释执行 def 语句后，就会创建一个函数对象，并将其绑定到函数名变量。

Python 函数名是函数名变量的简称，必须是合法的 Python 标识符。函数可能需要 0 个或多个参数。有多个参数时，参数间要用逗号（,）分隔。

函数头后面是一个冒号（:），表示函数头的结束和函数体的开始。

（2）函数体

函数体用需要的 Python 语句实现函数的功能。这些语句要按照 Python 的要求缩进。

（3）函数嵌套

函数是用 def 语句创建的，凡是其他语句可以出现的地方，def 语句同样可以出现一个函数的内部。这种在一个函数体内又包含另外一个函数的完整定义的情况称为函数嵌套。

代码 2-1　函数嵌套示例。

```
① - - ➤ g = 1 - - - -
       def A():
    ┌ ➤ a = 2 - - -
  ③ ┆ │   def B():
② ┆ ④ ┆ ┌ ➤ b = 5 ⑥
  ┆ ┆ ┆ ┆ ⑤print ("a + b + g = %d, in B."%(a + b + g))
  ┆ ➤ B() - - - ↓ ⑦
  ┆     print("a + g = %d, in A."%(a + g))
  ➤ A()
```

运行结果如下：

```
a + b + g = 8, in B.
a + g = 3, in A.
```

说明：

1）程序的执行顺序在代码 2-1 中用带箭头的虚线标出。

2）像函数 B 这样定义在其他函数（函数 A）内的函数叫作内部函数，内部函数所在的函数叫作外部函数。当然，还可以多层嵌套。此时，除了最外层和最内层的函数外，其他函数既是外部函数，又是内部函数。

3）作为程序模块化的元件和一段代码的封装体，不仅要求函数之间的关系要清晰可读，而且要求一个函数中，语句之间的关系也要清晰可读。使语句之间关系清晰的方法是采用结构化的语句结构。图 2.3 为目前广泛采用的三种结构化的基本语句结构。这三种基本语句结构的共同特点是"单入口、单出口"。

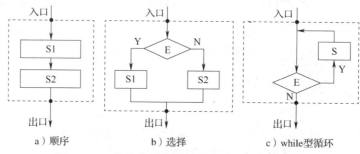

图 2.3　三种基本程序结构：顺序、选择和循环

3. 函数返回

函数体中非常重要的语句是 return 语句。

（1）return 语句的作用

1）终止函数中的语句执行，将流程返回到调用处。

2）返回函数的计算结果。

程序执行返回后，会恢复调用前的现场状态，从调用处的后面继续执行原来的程序。

（2）return 语句的用法

1）只返回一个值的 return 语句。

代码 2-2　利用海伦公式计算并返回三角形面积的函数。

```python
import math
def triArea(a,b,c):
    s = (a + b + c) / 2
    area = math.sqrt((s - a) * (s - b) * (s - c) * s)
    return area                    #返回一个值
```

2）不返回值的 return 语句。这时，函数只执行一些操作。

代码 2-3　利用海伦公式计算并输出三角形面积的函数。

```python
import math
```

```
def triArea(a,b,c):
    s = (a + b + c) / 2
    area = math.sqrt((s - a) * (s - b) * (s - c) * s)
    print ('三角形面积为: ',area)          #输出一个值
    return                                #空的 return 语句
```

这个函数中的 return 语句后面没有表达式，说明这个函数只执行一些操作，不向调用处返回任何值。因此也可以将 return 语句写成：

```
return  None
```

代码 2-4　在交互模式下代码 2-3 的另一种等价形式及其运行情况。

```
def triArea(a,b,c):
    s = (a + b + c) / 2
    area = math.sqrt((s - a) * (s - b) * (s - c) * s)
    print ('三角形面积为: ',area)          #输出一个值
    return None                           #返回 None 的 return 语句

>>> s = triArea(3,4,5)
三角形面积为:  6.0
>>> type(s)                               #获取函数返回的类型
<class 'NoneType'>
>>> type(s) is True
False
```

注意：None 表示一个空对象，称为空值。空值也是 Python 里一个特殊的值。但 None 不能理解为 0，因为 0 也是有值的，作为命题时，是 False。

对于无返回值的函数，经常将 return 语句省略。

代码 2-5　代码 2-3 的另一种等价形式。

```
import math
def triArea(a,b,c):
    s = (a + b + c) / 2
    area = math.sqrt((s - a) * (s - b) * (s - c) * s)
    print ('三角形面积为: ', area)         #输出一个值
```

3）在一个函数中可使用多个 return 语句，但只能有一个 return 语句被执行。

代码 2-6　判断一个数是否为素数的函数。

```
def isPrimer(number):
    if number < 2:
        return False
    for i in range(2,number):
        if number % i == 0:
            return False
    return True
```

这个函数中有三个 return 语句，但调用一次，只能由其中一个执行返回。

4）返回多个值的 return。

代码 2-7　在边长为 r 的正方形中产生一个随机点的函数。

```
import random
def getRandomPoint(r):
    x = random.uniform(0.0,r)
```

```
        y = random.uniform(0.0,r)
        #一个 return 返回两个值
```

对于这个函数，可以用下面的语句调用。

```
x,y = getRandomPoint(r)
```

实际上，这种返回值可以被看成一个元组对象。

2.1.2　Python 函数参数技术

在函数调用时，参数传递是一个关键环节。为了支持灵活多样的应用，Python 提供了多种函数参数技术。

1. 不可变参数与可变参数

在 Python 函数中，每个参数都作为一个特殊的变量指向某一对象。因此，当一个程序要调用一个带参函数时，每个实参都按照值传递（pass-by-value）将其引用值传递给形参，即实参变量与形参变量都指向同一个对象。但是，根据实参引用的是可变对象还是不可变对象，在函数调用过程中，对调用方产生的影响是不相同的。

（1）实参引用不可变对象

当实参指向 int、float、str、bool、tup 等不可变对象时，在函数中，任何对于形参的修改（赋值）都会使形参变量指向另外的对象，因而函数在执行有修改参数值的操作时，不会对调用方的实参变量的引用值产生任何影响，这时函数无副作用。

代码 2-8　不可变对象变量作参数。

```
def exchange(a,b):
    a, b = b, a                             #交换 a,b
    print('\t Inside the function, a,b = ',a,b,sep = ',')

def main():
    x = 2; y = 3
    print('Before the call, x,y =',x,y,sep = ',')
    exchange(x,y)                           #调用函数 exchange
    print ('After the call, x,y = ',x,y,sep = ',')

main()                                      #调用函数 main
```

执行结果如下：

```
Before the call, x,y = ,2,3
        Inside the function, a,b = ,3,2
After the call, x,y = ,2,3
```

（2）实参引用可变对象

当实参指向 dict、list 等可变对象时，在函数中，任何对于形参的修改（赋值）都在实参变量引用的对象上进行，这时函数有副作用。

代码 2-9　可变对象变量作参数。

```
def exchange(a,i,j):
```

```
        a[i],a[j] = a[j],a[i]
        print('\t Inside the function, a = ',a)

def main():
    x = [0,1,3,5,7]
    print('Before the call, x =',x)
    exchange(x,1,3)                        #调用函数 exchange,交换列表元素 x[1],x[3]
    print ('After the call, x = ',x)

main()                                     #调用函数 main
```

执行结果如下：

```
Before the call, x = [0,1,3,5,7]
        Inside the function, a = [0,5,3,1,7]
After the call, x = [0,5,3,1,7]
```

2. 有默认值的参数

当函数带有默认参数时，允许在调用时缺省这个参数，即调用方默认这个默认值。

代码 2-10　用户定义的幂计算函数。

```
def power(x, n = 2):
    p = x
    for i in range (1,n):
        p *= x
    return p
```

运行情况如下：

```
>>> power(3)                               #有默认值的实际参数
9
>>> power(3,3)
27
```

注意：

1）默认参数必须指向不可变对象，因为默认参数使用的值是在函数定义时就确定的。

2）当函数具有多个参数时，有默认值的参数一定要放在最后。

3. 可选参数与必选参数

由代码 2-10 的执行情况可以看出，带有默认值的参数是可选的，所以这类参数也可以称为可选参数。而不带默认值的参数就称为必选参数。可选参数与必选参数的使用要点如下：

1）要使某个参数是可选的，就给它一个默认值。

2）必选参数和默认参数都有时，应当把必选参数放在前面，把默认参数放在后面。

3）函数具有多个参数时，可以按照变化大小排队，把变化最大的参数放在最前面，把变化最小的参数放在最后。程序员可以根据需要决定将哪些参数设计成默认参数。

4. 可变数量参数

给一个形参名前加一个星号（∗），表明这个参数将接收一个元素个数为任意的元组()。

代码 2-11　以元组作为可变参数。

```
def getSum(para1,para2,*para3):
    total = para1 + para2
    for i in para3:
        total += i
    return total
```

运行情况如下：

```
>>> print(getSum(1,2))
3
>>> print(getSum(1,2,3,4,5))
15
>>> print(getSum(1,2,3,4,5,6,7,8))
36
name: zhang ,gender: M ,age: 20 ,other: {'major': 'computer', 'grade': 3}
```

5. 位置参数与命名参数

在函数有多个参数的情况下，当函数调用时，参数传递依照参数的位置顺序一一对应地进行。这种参数称为位置参数（positional arguments）。这时，用户必须知道每个形参的意义和排列位置，否则就会因传递错误而使程序出错。例如形参列表为（name, age, sex），而实际参数列表为（'zhang', 'm', 18），这就会造成错误。

为避免这种不便，Python 提供了命名参数，也称关键字参数（keyword arguments），使用户可以按名输入实参。这时，形参名与实参之间用冒号连接，类似一个字典元素。下面是几种命名参数的用法。

（1）在实参中指定参数名

代码 2-12　命名参数调用方法示例。

```
>>> ###创建一个 getStudentInfo()函数
>>> def getStudentInfo(name,gender,age,major,grade):
    print ('name:',name,',gender:',gender,',age:',age,',major:',major,',
grade:',grade)
>>>
>>> #调用时全部实参按形参列表顺序排列并都指定形参名字
>>> getStudentInfo(name ='zhang',gender = 'M',age = 20,major ='computer',grade
= 3)
name: zhang ,gender: M ,age: 20 ,major: computer ,grade: 3
>>>
>>> #调用时全部实参都用形参名字限定但不按形参位置排列
>>> getStudentInfo(major ='computer',grade = 3,name ='zhang',gender = 'M',age =
20)
name: zhang ,gender: M ,age: 20 ,major: computer ,grade: 3
>>>
>>> #调用时全部实参都指定形参名字但不按形参位置排列
>>> getStudentInfo('zhang', 'M',major ='computer',grade = 3,age = 20)
name: zhang ,gender: M ,age: 20 ,major: computer ,grade: 3
```

（2）强制命名参数

在形参列表中加入一个星号（＊），会形成强制命名参数（keyword-only），要求在调用时其后的形参必须显式地使用命名参数传递值。

代码 2-13　强制命名参数示例。

```
def getStudentInfo(name,gender,age,*,major,grade):
    print ('name:',name,',gender:',gender,',age:',age,',major:',major,',grade:',grade)
```

1）不按强制命名参数要求调用情况如下：

```
>>> getStudentInfo('zhang','M',20,'computer',3)
```

发出如下错误信息：

```
Traceback (most recent call last):
    File "<pyshell#15>", line 1, in <module>
        getStudentInfo('zhang', 'M', 20, 'computer', 3)
TypeError: getStudentInfo() takes 3 positional arguments but 5 were given
```

2）按强制命名参数要求调用情况如下：

```
>>> getStudentInfo('zhang','M',20,major ='computer',grade = 3)
name: zhang ,gender: M ,age: 20 ,major: computer ,grade: 3
```

（3）使用字典的关键字参数

给最后一个形参名前加一个双星号（**），表明这个参数将接收一个元素数量为 0
或多个的字典。

代码 2-14　以字典作为接收数量可变的实参。

```
def getStudentInfo(name,gender,age,**kw):
    print ('name:',name,',gender:',gender,',age:',age,',other:',kw)
```

运行情况如下：

```
>>> getStudentInfo(name ='zhang',gender = 'M',age = 20,major ='computer',grade
= 3)
name: zhang ,gender: M ,age: 20 ,other: {'major': 'computer', 'grade': 3}
```

2.1.3　Python 函数的第一类对象特征

1. Python 函数是一类数据对象

Python 一切皆对象。函数也是一类数据对象，并且与其他对象一样，具有身份、类
型和值。因此，函数名就是指向函数对象的名字。

代码 2-15　获取函数的类型和 id 对象特性示例。

```
>>> def func():
    print ('I am a function')

>>> print (type(func))      #输出函数的类型
<class 'function'>
>>> print (id(func))        #输出函数的身份
2182932023360
>>> print (func)            #输出函数的值
<function func at 0x000001FC40E34840>
```

2. Python 函数是第一类对象

第一类对象（first-class object）是指可以赋值给一个变量、可以作为元素添加到集合对象中、可作为参数值传递给其他函数、还可以当作函数返回值的对象。Python 函数持有这些特征，也是第一类对象。

代码 2-16 函数赋值及作为返回值示例。

```
>>> def showName(name):
    def inner(age):
        print ('My name is:',name)
        print ('My age is:',age)
    return inner                    # 函数作为返回值

>>> F1 = showName                   #将函数赋值给变量 F1
>>> F2 = F1('Zhang')                #用 F1 代表 showName,其返回（即 inner）赋值给 F2
>>> F2(18)                          #用 F2 代替 inner
My name is: Zhang
My age is: 18
```

说明：这里定义了函数 showName，其返回值是一个函数。也就是说，变量 f 就是返回的 inner 函数。所以可以用 f('18') 执行函数 inner。

代码 2-17 函数作为参数传递示例。

链 2-1　Python 函数标注

```
>>> def func(name):                 #定义函数 func
    print ('My name is:',name)

>>> def showName(arg,name):         #arg 为形参
    print('I am a student')
    arg(name)                       #arg 以函数形式调用

>>> showName(func,'Zhang')          #func 作为实际参数
I am a student
My name is: Zhang
```

说明：函数名 func 作为实际参数传给形式参数 arg。

2.1.4　递归

1. 递归概述

图 2.4 是一组分形艺术创作图片。仔细观察，可以发现它们有一个共同的结构特点——自己是由自己组成的，这种结构称递归（recursion）。

图 2.4　一组分形艺术创作图片

在程序设计领域，递归是指一种重要的算法，主要靠函数不断地直接或间接引用自身实现，直到引用的对象已知。

2. 简单递归问题举例——阶乘的递归计算

（1）算法分析

通常，求 n! 可以描述为

$$n! = 1 \times 2 \times 3 \times \cdots \times (n-1) \times n$$

用递归算法实现，就是先从 n 考虑，记作 fact(n)。但是，n!不是直接可知的，因此要在 fact(n)中调用 fact(n-1)；而 fact(n-1)也不是直接可知的，还要找下一个 n-1，直到 n-1 为 1 时，得到 1!=1 为止。这时，递归调用结束，开始一级一级地返回，最后求得 n!。

这个过程用演绎算式描述，可表示为

$$n! = n \times (n-1)!$$

用函数形式描述，可以得到如下的递归模型。

$$\text{fact}(n) = \begin{cases} \text{非法} & (n < 0) \\ 1 & (n = 0 \text{ 或 } n = 1) \\ n \times \text{fact}(n-1) & (n > 0) \end{cases}$$

图 2.5 为求 fact(5)的递归计算过程。

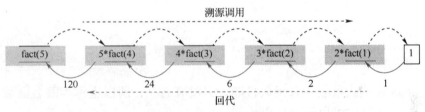

图 2.5　求 fact(5)的递归计算过程

（2）递归算法要素

递归过程的关键是构造递归算法，或递归表达式，如 fact(n) = n × fact(n-1)。但是，光有递归表达式还不够。因为递归调用不应无限制地进行下去，当调用有限次以后，就应当到达递归调用的终点得到一个确定值（如图 2.5 中的 fact(1)=1），然后开始返回。所以，递归有如下两个要素：

1）递归表达式。

2）递归终止条件，或称递归出口。

（3）递归函数参考代码

代码 2-18　计算阶乘的递归函数代码。

```
def fact(n):
    if n == 1 or n == 0:
        return 1
    return n * fact(n - 1)
```

函数测试结果如下：

```
>>> fact(1)
1
>>> fact(5)
120
```

讨论： 递归实际上是把问题的求解变为较小规模的同类型求解的过程，并且通过一系列的调用和返回实现。

3. 经典递归问题——汉诺塔游戏

汉诺塔游戏是一个经典的递归问题，感兴趣的读者可扫描二维码进行扩展阅读。

链 2-2　汉诺塔游戏

2.1.5　lambda 表达式

lambda 表达式，也称 lambda 函数或匿名函数。它具有如下特点：

1）lambda 表达式具有函数的主要特征：有参数，可以调用并传递参数，还可以让参数具有默认值。

代码 2-19　一个计算三数之和的 lambda 表达式。

```
>>> f = lambda a, b = 2, c = 3: a + b + c
```

调用及结果如下：

```
>>> f(3)
8
>>> f(3, 5, 1)
9
```

2）lambda 表达式虽然具有函数机能，但没有名字，所以也称为匿名函数。

3）lambda 表达式可以嵌套。

代码 2-20　嵌套的 lambda 表达式：计算 x * 2 + 2。

```
>>> incre_two = lambda x:x + 2
>>> multiply_incre_two = lambda x: incre_two(x * 2)
>>> print multiply_incre_two(2)
6
```

4）lambda 表达式不像函数那样由语句块组成函数体，它们仅仅是一种表达式，可以用在任何可以使用表达式的地方。

代码 2-21　lambda 表达式作为参数。

```
>>> def apply(f,n):
    print(f(n))
>>>
>>> square = lambda x:x**2
>>> cube = lambda x:x**3
>>> apply(square,4)
16
>>> apply(cube,3)
27
```

习题 2.1

1. 判断题

（1）函数定义可以嵌套。（　　）

（2）函数调用可以嵌套。（　　）

（3）函数参数可以嵌套。（　　）

（4）Python 函数调用时的参数传递，只有传值一种方式，所以形参值的变化不会影响实参。（　　）

（5）一个函数中可以定义多个 return 语句。（　　）

（6）定义 Python 函数时，无须指定其返回对象的类型。（　　）

（7）可以使用一个可变对象作为函数可选参数的默认值。（　　）

（8）函数有可能改变一个形参变量所绑定对象的值。（　　）

（9）函数的形参是可选的，可以有，也可以无。（　　）

（10）传给函数的实参必须与函数签名中定义的形参在数目、类型和顺序上一致。（　　）

（11）函数参数可以作为位置参数或命名参数传递。（　　）

（12）Python 函数的 return 语句只能返回一个值。（　　）

（13）函数调用时，如果没有实参调用默认参数，则默认值被当作 0。（　　）

（14）无返回值的函数称为 None 函数。（　　）

（15）递归函数的名称在自己的函数体中至少要出现一次。（　　）

（16）在递归函数中必须有一个控制环节用来防止程序无限期地运行。（　　）

（17）递归函数必须返回一个值给其调用者，否则无法继续递归过程。（　　）

（18）不可能存在无返回值的递归函数。（　　）

2. 选择题

（1）代码

```
>>> def func(a, b=4,c=5):
    print (a,b,c)
>>> func(1,2)
```

执行后输出的结果是_____。

A. 1 2 5　　　　　　　B. 1 4 5　　　　　　　C. 2 4 5　　　　　　　D. 1 2 0

（2）函数

```
def func(x,y,z = 1. *par, **parameter):
    print(x,y,z)
    print (par)
    print (parameter)
```

用 func（1, 2, 3, 4, 5, m = 6)调用，输出结果是_____。

A.	B.	C.	D.
1 2 1	1 2 3	1 2 3	1 2 1
(3, 4, 5)	(4, 5)	(4, 5)	(4, 5)
('m': 6)	{'m': 6}	(6)	(m = 6)

（3）代码

```
>>> x,y = 6,9
>>> def foo():
    global y
    x,y = 0,0
>>> x,y
```

执行后的显示结果是_____。

A. 0 0   B. 6 0   C. 0 9   D. 6 9

（4）下列关于匿名函数的说法中，正确的是_____。

A. lambda 是一个表达式，不是语句

B. 在 lambda 的格式中，lambda 参数 1，参数 2，…：是由参数构成的表达式

C. Lambda 可以用 def 定义一个命名函数替换

D. 对于 mn = (lambda x, y: x if x < y else y), mn(3, 5)可以返回两个数字中的大者

3. 代码分析题

（1）阅读下面的代码，指出函数的功能。

```
def f(m,n):
    if m < n:
        m,n = n,m
    while m % n != 0:
        r = m % n
        m = n
        n = r
    return n
```

（2）阅读下面的代码，指出程序运行结果。

```
d = lambda p: p; t = lambda p: p * 3
x = 2; x = d(x); x = t(x); x = d(x); print(x)
```

（3）阅读下面的代码，指出其中 while 循环的次数。

```
def cube(i):
    i = i * i * i
i = 0
while i < 1000:
    cube(i)
    i += 1
```

（4）指出下面的代码输出几个数据，并说明它们之间的关系。

```
a = 1
id(a)
def fun(a):
    print (id(a))
    a = 2
    print (id(a))
fun(a)
id(a)
```

（5）指出下面的代码输出几个数据，说明它们之间的关系。

```
a = []
id(a)
def fun(a):
    print (id(a))
    a.append(1)
    print (id(a))
fun(a)
id(a)
```

（6）下面这段代码的输出结果是什么？请解释。

```
def extendList (val,list = []):
    list.append(val)
    return list

list1 = extendList(10)
list2 = extendList(123,[])
list3 = extendList('a')

print('list = %s'%list1)
print('list = %s'%list2)
print('list = %s'%list3)
```

（7）下面这段代码的输出结果是什么？请解释。

```
def multipliers():
    return ([lambda x:i * x for i in range (4)])

print ([m(2) for m in multipliers()])
```

4. 程序设计题

（1）编写一个函数，求一元二次多项式的值。

（2）编写一个计算 $f(x)=x^n$ 的递归程序。

（3）假设银行一年整存整取的月息为 0.32%，某人存入了一笔钱。然后，每年年底取出 200 元。这样到第 5 年年底刚好取完。请设计一个递归函数，计算他当初共存了多少钱。

（4）设有 n 个已经按照从大到小顺序排列的数，现在从键盘上输入一个数 x，判断它是否在已知数列中。

（5）用递归函数计算两个非负整数的最大公约数。

（6）约瑟夫问题：M 个人围成一圈，从第 1 个人开始依次从 1 到 N 循环报数，并且让每个报数为 N 的人出圈，直到圈中只剩下一个人为止。请用 Python 程序输出所有出圈者的顺序（分别用循环和递归方法）。

（7）台阶问题：一只青蛙一次可以跳 1 级台阶，也可以跳 2 级台阶，求该青蛙跳一个 n 级的台阶总共有多少种跳法。请用函数和 lambda 表达式分别求解。

（8）使用 lambda 匿名函数完成以下操作：

```
def add(x,y):
    return x+y
```

（9）变态台阶问题：一只青蛙一次可以跳 1 级台阶，也可以跳 2 级台阶，它也可以跳 n 级，求该青蛙跳一个 n 级的台阶总共有多少种跳法。请用函数和 lambda 表达式分别求解。

（10）矩形覆盖：可以用 2×1 的小矩形横着或者竖着去覆盖更大的矩形，请问用 n 个 2×1 的小矩形无重叠地覆盖一个 2×n 的大矩形，总共有多少种方法？请用函数和 lambda 表达式分别求解。

2.2 Python 命名空间与作用域

在 Python 程序中，需要用到许多名字。为了便于进行名字的管理，许多高级语言都赋予名字两个基本属性：命名空间（namespace）与作用域（scope）。本节讨论 Python 的命名空间与作用域。

2.2.1 Python 命名空间

1. 命名空间的概念

一个程序需要由多个模块组成，每个模块又往往由多个函数组成，每个函数中要使用多个变量。这样，就要使用大量的名字。为了能让不同的模块和函数可以由不同的人开发，就要解决各模块和函数之间名字的冲突问题。因此，命名空间（或称名字空间）是从名字到对象的映射区间，或者说名字绑定到对象的区间。引入命名空间后，每一个命名空间就是一个名字集合，不可有重名；而各命名空间独立存在，在不同的命名空间中允许使用相同的名字，它们分别绑定在不同的对象上，因而不会造成名字之间的碰撞（name collision）。

在 Python 中，大部分的命名空间都是由字典实现的：键为名字，值是其对应的对象。所以，一个命名空间就是一个字典对象。因此，也可以把命名空间理解为保存名字及其引用关系的地方。

代码 2-22 处在两个不同命名空间的变量 i。

```
def fun1():
  i = 100

def fun2():
  i = 200
```

说明：这是一个在同一模块中有两个函数的例子。这两个函数中的 i，是用了相同名字的变量，但这是两个独立的名字，分别属于不同的命名空间，就像两个不同家庭中的孩子用了相同的名字一样，并非同一人，或者像存在不同文件夹中的同名文件，但内容不一定相同。

2. Python 命名空间的基本级别及其生命周期

Python 在开发和应用过程中形成了如表 2.1 所示的几种常见的命名空间及其生命周期。Python 程序在运行期间会有多个命名空间并存。不同命名空间在不同的时刻创建，并且有不同的生命周期。也就是说，每当一个 Python 程序开始运行（即 Python 解释器启动），就会创建一个内置命名空间（built-in namespace），引入关键字、内置函数名、内置变量和内置异常名字等；若文件以顶层程序文件（主模块，即__name__ 为'__main__'）执行，则会为之创建一个全局命名空间（global namespace），保存主模块中定义的名字。此后，每当加载一个其他模块，就会为之创建一个全局命名空间，引入该模块中定义的变量名、函数名、类名、异常名字等；每当开始执行 def、lambda 或 class，就会为之创建一个局部命名空间（local namespace），存储该关键字引出的一段代码中定义的变量等名字。这样，就在一个 Python 程序运行时建立起了不同级别的命名空间。显然，内置命名空间最大，全局命名空间次之，局部命名空间最小。

表 2.1　Python 基本命名空间及其生命周期

命名空间名称	说　　明	创建时刻	撤销时刻
局部命名空间 （local namespace）	函数局部命名空间：绑定在函数中的名字	def、lambda 定义的语句块执行时	函数返回或有未捕获异常时
	类局部命名空间：类定义中定义的名字	解释器读到 class 定义时	类定义结束后
全局命名空间 （global namespace）	由直接定义在某个模块中的变量名、类名、函数名、异常名字等标识符组成	解释器启动以及模块被加载时	程序执行结束时
内置命名空间 （built-in namespace）	包括关键字、内置函数、内置变量和内置异常名字等	解释器启动时	程序执行结束时

注意： 内置变量实际上同样是以模块的形式存在，模块名为 builtins。

需要强调，在 Python 程序中，只有 module（模块）、class（类）、def（函数）、lambda 才会创建新的命名空间。而在 if-elif-else、for/while、try-except\try-finally 等关键字引出的语句块中，并不会创建局部命名空间。

代码 2-23　语句块不涉及命名空间示例。

```
if True:
    variable = 100
    print (variable)
print ("******")
print (variable)
```

代码的输出为

```
100
******
100
```

说明： 在这段代码中，if 语句中定义的 variable 变量在 if 语句外部仍然能够使用。这说明 if 引出地方语句块中不会产生本地（局部）作用域，所以变量 variable 仍然处在全局作用域中。

3. 标识符的创建及其与命名空间的绑定

在 Python 中，命名空间的形成不是简单地将名字放进命名空间，而是由某些语句操作进行的。或者说，通过一些操作将标识符引入到（或绑定到）对应的命名空间中。这类操作仅限于下列几种。

1）赋值操作：在 Python 中，赋值语句起绑定或重新绑定（bind or rebind）的作用。对一个变量进行初次赋值会在当前命名空间中引入新的变量，即把名字和对象以及命名空间做一个绑定，后续赋值操作则只将变量绑定到另外的对象。赋值操作不进行复制。函数调用的参数传递是赋值，不是复制。

2）参数声明：参数声明会将形参变量引入到函数的局部命名空间中。

3）函数和类的定义中，用于引入新的函数名和类名。

4）import 语句：import 语句在当前的全局命名空间中引入模块中定义的标识符。

5）在 if-elif-else、for-else、while、try-except\try-finally 等关键字的语句块中，只会在当前作用域中引入新的变量名，并不创建新的命名空间。例如，在代码 2-23 中，if 语句块只能在当前的全局命名空间中引入变量。

代码 2-24 for 语句在当前命名空间中引入新的变量示例。

```
>>> if __name__ == '__main__':
    for a in range(5,10):
        print ('a = ',a)
    def fun():
        for b in range(3,5):
            print ('b = ',b)
        print ('b = ',b)
    print ('a = ',a)
    fun()

a = 5
a = 6
a = 7
a = 8
a = 9
a = 9
b = 3
b = 4
b = 4
```

由 a 和 b 的输出情况可以看出，for 语句可以把一个变量绑定到当前命名空间中，即它不会创建一个新的名字空间，仅把新的变量引入到当前命名空间。

4. dir()函数

dir()函数用于返回一个列表对象，在该列表中保存有指定命名空间中排好序的标识符字符串。命名空间用参数指定，若参数为默认，则表示当前命名空间。

代码 2-25 dir()函数应用示例。

```
>>> dir()                 # 当前命名空间
['__annotations__','__builtins__','__doc__','__loader__','__name__','__package__',
'__spec__']
>>> import math
>>> dir(math)             # 对 math 模块中命名的标识符列表
['__doc__', '__loader__', '__name__', '__package__', '__spec__', 'acos',
```

```
'acosh', 'asin', 'asinh', 'atan', 'atan2', 'atanh', 'ceil', 'copysign', 'cos', 'cosh',
'degrees', 'e', 'erf', 'erfc', 'exp', 'expm1', 'fabs', 'factorial', 'floor', 'fmod',
'frexp', 'fsum', 'gamma', 'gcd', 'hypot', 'inf', 'isclose', 'isfinite', 'isinf',
'isnan', 'ldexp', 'lgamma', 'log', 'log10', 'log1p', 'log2', 'modf', 'nan', 'pi', 'pow',
'radians', 'sin', 'sinh', 'sqrt', 'tan', 'tanh', 'tau', 'trunc']
>>> dir(print)                    # 对 print 命名空间中的标识符列表
['__call__', '__class__', '__delattr__', '__dir__', '__doc__', '__eq__', '__
format__', '__ge__', '__getattribute__', '__gt__', '__hash__', '__init__', '__init_
subclass__', '__le__', '__lt__', '__module__', '__name__', '__ne__', '__new__', '_
_qualname__', '__reduce__', '__reduce_ex__', '__repr__', '__self__', '__setattr__', '_
_sizeof__', '__str__', '__subclasshook__', '__text_signature__']
```

2.2.2　Python 作用域

命名空间是一套程序中使用的名字及其引用关系的存储体系。作用域关注的是在程序的哪一个代码区间中，某个命名空间中的名字是可见的（可访问的）以及有无读或写的限制。所以，作用域是与命名空间相关但又不同的概念。

1. 名字的直接访问和属性访问

作用域是与名字的可访问性相关的概念，并且是从直接访问的角度进行考虑的。直接访问是相对于属性访问的概念。

为了说明属性访问和直接访问，先举一个生活中的例子。假设一个村子里有多个张三：A 家的张三、B 家的张三、C 家的张三等。当人们不在 A 家说 A 家的张三时，一定是说"A 家张三"。这就是属性访问。若在 A 家时，说 A 家的张三，就只说"张三"即可。这就是直接访问。

由于在某个命名空间中定义的名字实际上就是这个命名空间的属性，因此，不在某命名空间处访问其名字时，就不能进行直接访问，而应采用属性访问方式，如 math.pi 等。在 Python 程序中，如果一个名字前面没有（.），就是直接访问。显然，从作用域的角度看，import math 与 from math import pi 的区别就在于前者是将标识符 math 引入到当前命名空间，而后者是将名字 math.pi 引入到当前命名空间。

代码 2-26　两种 import 对作用域的影响示例。

```
>>> import math
>>> dir()                    # 当前命名空间中添加了 math
['__annotations__','__builtins__','__doc__','__loader__','__name__','__package_
_', '__spec__', 'math']
>>> from math import pi
>>> dir()
['__annotations__', '__builtins__', '__doc__', '__loader__', '__name__', '_
_package__', '__spec__', 'math', 'pi']
```

有了直接访问的概念，就可以进一步理解作用域了。一个作用域是程序的一块文本区域（textual region），在该文本区域内，对于某命名空间可以直接访问，而不需要通过属性访问。显然，作用域讨论的可见性是对直接访问而言。

2. Python 作用域级别与闭包作用域

在内置（built-in/Python）、全局（global/模块）和本地（local/函数）三级作用域的基础上，Python 3.x 又增添了一种闭包（enclosing/嵌套）作用域：如果在一个内部函数里，对在外部函数内（但不是在全局作用域）的变量进行访问（引用），那么内部函数就被认为是闭包。

这样，Python 3.x 就形成如图 2.6 所示的从小到大的四级作用域：L（local，本地/局部）、E（enclosing，闭包/嵌套）、G（global，模块/全局）和 B（built-in，内置/Python）。

图 2.6　Python 3.x 的四级作用域

作用域与名字空间是对应的。所以，Python 3.x 也就有了对应的四级命名空间。

3. Python 作用域规则

（1）一般作用域规则

1）内置标识符：内置命名空间的标识符在代码所有位置都是可见的，可以随时被访问。

2）其他标识符（全局标识符和局部标识符）：只有与某个命名空间绑定后，才可在这个作用域中可见（被引用）。

代码 2-27　企图访问未经绑定的变量错误示例。

```
>>> def f():
    print (i)
    i = 100

>>> f()
Traceback (most recent call last):
  File "<pyshell#12>", line 1, in <module>
    f()
  File "<pyshell#11>", line 2, in f
    print (i)
UnboundLocalError: local variable 'i' referenced before assignment
```

说明：在这段代码中，print()企图在未与所在的名字空间绑定之前访问（引用）名字 i，引起 UnboundLocalError 错误。

3）在嵌套的命名空间中，内层命名空间中定义的名字在外层作用域中是不可见的；而外层命名空间中定义的名字在内层作用域中可以引用，但不可直接修改。

（2）全局作用域规则

1）全局作用域的作用范围仅限于单个文件（模块）。全局变量是位于该文件内部的顶层变量名。也就是说，这里的"全局"指的是在一个文件中位于顶层的变量名仅对该文件中的代码而言是全部的。

2）全局变量可以在本地作用域（函数内部）中被引用，但不可以被直接赋值；只有经过 global 声明的全局变量，才可以在本地（局部）作用域中被赋值（修改）。

代码 2-28　在本地（局部）作用域中引用全局变量示例。

```
>>> if __name__ == '__main__':
    a = 100
    def f():
        print(a)

>>> f()
100
```

代码 2-29　企图在本地（局部）作用域中修改全局变量示例。

```
>>> if __name__ == '__main__':
    a = 100
    def f():
        a += 100
        print (a)

>>> f()
Traceback (most recent call last):
  File "<pyshell#4>", line 1, in <module>
    f()
  File "<pyshell#3>", line 4, in f
    a += 100
UnboundLocalError: local variable 'a' referenced before assignment
```

代码 2-30　在本地（局部）作用域中对用 global 修饰的全局变量赋值示例。

```
>>> if __name__ == '__main__':
    a = 100
    def f():
        global a
        a += 100
        print (a)

>>> f()
200
```

（3）闭包作用域规则

在嵌套函数中，如果内层函数引用了外层函数的变量，则形成一个闭包。被引用的外层函数变量称为内层函数的自由变量。但是，自由变量只可在内层被引用，不可直接修改。只有使用关键字 nonlocal 声明的外层本地变量才是可以修改的。

代码 2-31　自由变量被引用示例。

```
>>> def external(start):
    state = start
    def internal(label):
        print(label,state)          #闭包中引用自由变量
    return internal

>>> F = external(3)
>>> F('spam')
spam 3
>>> F('nam')
nam 3
```

代码 2-32 企图直接修改自由变量示例。

```
>>> def external(start):
      state = start
      def internal(label):
          state += 2                    #企图在闭包中直接修改自由变量
          print(label,state)
      return internal

>>> F = external(3)
>>> F('spam')
Traceback (most recent call last):
  File "<pyshell#14>", line 1, in <module>
    F('spam')
  File "<pyshell#11>", line 4, in internal
    state += 2
UnboundLocalError: local variable 'state' referenced before assignment
```

代码 2-33 用 nonlocal 声明后的自由变量才可以被修改示例。

```
>>> def external(start):
      state = start
      def internal(label):
          nonlocal state                #先用 nonlocal 声明自由变量
          state += 2                    #修改已经用 nonlocal 声明的自由变量
          print(label,state)
      return internal

>>> F = external(3)
>>> F('spam')
spam 5
>>> F('nam')
nam 7
```

由上述示例可以看出：

1）nonlocal 语句与 global 语句的作用和用法非常相似。

2）作用域一定是命名空间，而命名空间不一定是作用域。

4. locals()和 globals()函数

locals()和 globals()是两个内置函数，可分别以字典形式返回当前位置的可用本地命名空间和全局（包括了内置）命名空间。

代码 2-34 locals()和 globals()函数应用示例。

```
>>> if __name__ == '__main__':
      a = 200
      def external(start):
          print ('globals(1):',globals())
          print ('locals(1):',locals())
          state = start
          print ('locals(2):',locals())
          def internal(label):
              print ('locals(3):',locals())
```

```
            print(label,state)
            print ('locals(4):',locals())
        return internal
```

```
  >>> F = external(3)
  globals(1): {'__name__': '__main__', '__doc__': None, '__package__': None, '__loader_
_': <class '_frozen_importlib.BuiltinImporter'>, '__spec__': None, '__annotations_
_':{}, '__builtins__': <module 'builtins' (built-in)>, 'a': 200, 'external': <function
external  at  0x00000289743E4840>,  'F':  <function  external.<locals>.internal  at
0x0000028973A53E18>}
  locals(1): {'start': 3}
  locals(2): {'start': 3, 'state': 3}
  >>> F('spam')
  locals(3): {'label': 'spam', 'state': 3}
  spam 3
  locals(4): {'label': 'spam', 'state': 3}
```

结论： 在不同位置，可用命名空间可能有所不同，因为名字与对象的绑定情况不同，也就是作用域不同。

2.2.3　Python 名字解析的 LEGB 规则

作用域的意义在于告诉程序员如何正确地访问一个名字。为此，需要从这个名字去找它所绑定的对象。名字解析就是当在程序代码中遇到一个名字时，去正确地找到与之绑定对象的过程。为了快速、正确地进行名字解析，需要一套正确且行之有效的规则。Python 根据其"名字-对象"命名空间的四级层级关系提出了著名的 LEGB 规则。这个规则可以简要描述为：Local→Enclosing→Global→Built-in。

具体地说，就是当在函数中使用未确定的变量名时，Python 会按照优先级依次搜索四个作用域，以此确定该变量名的意义。首先搜索本地（局部）作用域（L），其次是上一层嵌套结构中 def 或 lambda 函数的嵌套作用域（E），之后是全局作用域（G），最后是内置作用域（B）。按这个查找规则，在第一处找到的地方停止。如果没有找到，则会提示 NameError 错误。

对程序员来说，掌握了这些规则，可以在出现有关错误信息时快速而正确地找到问题之所在。

代码 2-35　用 LEGB 规则推断应用示例。

```
  >>> if __name__ == '__main__':
      x = 'abcdefg'
      def test():
          print (x)
          print (id(x))
          x = 12345
          print (x)
          print (id(x))

  >>> test()
  Traceback (most recent call last):
```

```
   File "<pyshell#11>", line 2, in <module>
     test()
   File "<pyshell#8>", line 2, in test
     print (x)
 UnboundLocalError: local variable 'x' referenced before assignment
```

说明： 这段代码运行时出现 UnboundLocalError 错误。这是因为 Python 虽然是一种解释性语言，但代码还是需要编译成 pyc 文件来执行，只不过这个过程代码执行者看不见。此段代码在编译过程中按照 LEGB 规则，首先将函数内部的 x 认定为本地变量，而不再是模块变量。因此，遇到第一个 print(x) 就认为这里的 x 是一个在赋值前就被引用的本地变量。

注意： LEGB 规则仅对简单变量名有效。对类及其实例的属性的名字来说，查找规则则有所不同。

习题 2.2

1. 判断题

（1）global 语句的作用是将本地变量升格为全局变量。（　　）

（2）nonlocal 语句的作用是将全局变量降格为本地变量。（　　）

（3）本地变量创建于函数内部，其作用域从其被创建位置起，到函数返回为止。（　　）

（4）全局变量创建于所有函数的外部，并且可以被所有函数访问。（　　）

（5）在函数内部没有办法定义全局变量。（　　）

2. 代码分析题

阅读下面的代码，指出程序运行结果并说明原因。

（1）

```
a = 1
def second():
    a = 2
    def thirth():
        global a
        print (a)
    thirth()
    print (a)
second()
print(a)
```

（2）

```
a = 1
def second():
    a = 2
    def thirth():
        nonlocal a
        print (a)
    thirth()
    print (a)
second()
print(a)
```

（3）

```
x = 'abcd'
def func():
    print (x)

func()
```

（4）

```
x = 'abcd'
def func():
    x = 'xyz'

func()
print (x)
```

（5）

```
x = 'abcd'
def func():
    x = 'xyz'
    print (x)

func()
print (x)
```

（6）

```
x = 'abcd'
def func():
    global x = 'xyz'

func()
print (x)
```

（7）

```
x = 'abcd'
def func():
    x = 'xyz'
    def nested():
        print (x)
    nested()

func()
x
```

（8）

```
def func():
    x = 'xyz'
    def nested():
        nonlocal x
        x = 'abcd'
    nested()
    print (x)

func()
```

2.3　Python 异常处理

程序异常是在程序运行过程中由于某些意外，导致无法继续正常运行的现象。造成这些意外的大多是外界因素，如需要打印时打印机发生故障，需要访问文件时磁盘发生故障，需要抓取网络数据时网络中断，进行运算时出现除数为零等。这些情况一般难以预料，程序员能够做的事情就是让程序可以检测异常的发生，按照异常的类型进行相应的补救，并可以发出必要的异常信息，以免程序在运行中不明不白地中断，甚至系统死机。

2.3.1　异常处理的基本思路与异常类型

Python 异常处理是一项将正常执行过程与异常处理过程相分离的技术。其基本思路大致分为两步：首先监视可能会出现异常的代码段，发现有异常，就将其捕获，抛出（引发）给处理部分；处理部分将按照异常的类型进行处理。因此，异常处理的关键是异常类型。

但是，异常的发生是难以预料的。尽管如此，人们也根据经验对常发异常的原因有了基本的了解。链 2-3 的二维码列出了 Python 3.x 标准异常类结构：总的异常类称为 Exception，下面又分为几层。类（class）的有关概念将在第 4 章介绍。这些类是内置的，无需导入就可直接使用。应当说，这些类已经囊括了几乎所有的异常类型。不过，Python 也不保证已经包括了全部异常类型。所以，也允许程序员根据自己的需要定义适合自己的异常类。下面重点介绍几个常用异常类的用法。

链2-3　Python3.0标准异常
类结构（PEP 348）

代码 2-36 观察 ZeroDivisionError（被 0 除）引发的异常。

```
>>> 2 / 0
Traceback (most recent call last):
  File "<pyshell#0>", line 1, in <module>
    2/0
ZeroDivisionError: division by zero
```

代码 2-37 观察 ImportError（导入失败）引发的异常。

```
>>> import xyz
Traceback (most recent call last):
  File "<pyshell#2>", line 1, in <module>
    import xyz
ImportError: No module named 'xyz'
```

代码 2-38 观察 NameError（访问未定义名字）引发的异常。

```
>>> aName
Traceback (most recent call last):
  File "<pyshell#3>", line 1, in <module>
    aName
NameError: name 'aName' is not defined
```

代码 2-39 观察 SyntaxError（语法错误）现象。

```
>>> import = 5                    #关键字作变量
SyntaxError: invalid syntax
>>> for i in range(3)            #循环头后无冒号（:）
SyntaxError: invalid syntax
>>> if a == 5:
print (a)                        #if 子句没缩进
SyntaxError: expected an indented block
>>> if a = 5:                    #用==的地方写了=

SyntaxError: invalid syntax
>>> for i in range（5）：          #使用了汉语圆括号

SyntaxError: invalid character in identifier
>>> x = 'A"                      #扫描字符串末尾时出错（定界符不匹配）
SyntaxError: EOL while scanning string literal
```

代码 2-40 观察 TypeError（类型错误）引发的异常。

```
>>> a = '123'
>>> b = 321
>>> a + b
Traceback (most recent call last):
  File "<pyshell#18>", line 1, in <module>
    a + b
TypeError: Can't convert 'int' object to str implicitly
```

说明：

1）上述几个关于异常的代码都是在交互环境中执行的。可以看出，除 SyntaxError 外，面对其他错误的出现，交互环境都首先给出了"Traceback (most recent call last):"——"跟踪返回（最近一次调用）问题如下："的提示，然后给出出错位置、谁引发的错误、错误类型及发生原因。这里，提示 "Traceback (most recent call last):" 隐含了一个意思：这个异常没有被程序捕获并处理。

2）SyntaxError 没有这些提示，这表明这些 SyntaxError 并没有引发程序异常，因为含有这样的错误是无法编译或解释的。

2.3.2　try…except 语句

一般来说，异常处理需要两个基本环节：捕获异常和处理异常。为此，基本的 Python 异常处理语句由 try 子句和 except 子句组成，形成 try…except 语句。其语法格式如下：

```
try:
        被监视的语句块
except 异常类 1:
        异常类 1 处理代码块 as 异常信息变量
except 异常类 2:
        异常类 2 处理代码块 as 异常信息变量
...
```

说明：

1）在这个语句中，try 子句的作用是监视其冒号后面语句块的执行过程，一有操作错误，便会由 Python 解析器引发一个异常，使被监视的语句块停止执行，把发现的异常抛向后面的 except 子句。

2）except 子句的作用是捕获并处理异常。一个 try…except 语句中可以有多个 except 子句。Python 对 except 子句的数量没有限制。try 抛出异常后，这个异常就按照 except 子句的顺序，一一与它们列出的异常类进行匹配，最先匹配的 except 就会捕获这个异常，并交后面的代码块处理。

3）每个 except 子句不限于只列出一个异常类型，相同的异常类型都可以列在一个 except 子句中处理。如果 except 子句中没有异常类，这种子句将会捕获前面没有捕获的其他异常，并屏蔽其后所有 except 子句。

4）一条 except 子句执行后，就不会再由其他 except 子句处理了。

5）异常信息变量就是异常发生后，系统给出的异常发生原因的说明，如 division by zero、No module named 'xyz'、name 'aName' is not defined、EOL while scanning string literal 以及 Can't convert 'int' object to str implicitly 等。这些信息——字符串对象，将被 as 后面的变量引用。

代码 2-41　try…except 语句应用举例。

```
try:
    x = eval(input('input x:'))
    y = eval(input('input y:'))
    a
    z = x / y
    print('计算结果为: ',z)
except NameError as e:
```

```
    print('NameError:',e)
except ZeroDivisionError as e:
    print('ZeroDivisionError: ',e)
    print('请重新输入除数: ')
    y = eval(input('input y:'))
    z = x / y
    print('计算结果为: ',z)
```

测试情况如下：

```
input x:6
input y:0
NameError: name 'a' is not defined
```

代码 2-42 将代码 2-41 中变量 a 注释后的代码。

```
try:
    x = eval(input('input x:'))
    y = eval(input('input y:'))
    #a
    z = x / y
    print('计算结果为: ',z)
except NameError as e:
    print('NameError:',e)
except ZeroDivisionError as e:
    print('ZeroDivisionError: ',e)
    print('请重新输入除数: ')
    y = eval(input('input y:'))
    z = x / y
    print('计算结果为: ',z)
```

测试情况如下：

```
input x:6
input y:0
ZeroDivisionError:  division by zero
请重新输入除数:
input y:2
计算结果为: 3.0
```

6）在函数内部，如果一个异常发生却没有被捕获到，这个异常将会向上层（如向调用这个函数的函数或模块）传递，由上层处理；若一直向上到了顶层都没有被处理，则会由 Python 默认的异常处理器处理，甚至由操作系统的默认异常处理器处理。2.3.1 节中的几个代码就是由 Python 默认异常处理器处理的几个实例。在那里才会给出 "Traceback (most recent call last)" 的提示。

2.3.3 异常类型的层次结构

由链 2-3 的二维码可知，Python 3.x 标准异常类型是分层次的，共分为六个层次：最高层是 BaseException；然后是三个二级类 SystemExit、KeyboardInterrupt 和 Exception；三级以下都是类 Exception 的子类和子子类。越下层的异常类定义的异常越精细，越上层的类定义的异常范围越大。

在 try…except 语句中，try 具有强大的异常抛出能力。应该说，凡是异常都可以捕获，但 except 的异常捕获能力由其后列出的异常类决定：列有什么样的异常类，就捕获什么样的异常；列出的异常类级别高，所捕获的异常就是其所有子类。例如，列出的异常为 BaseException，则可以捕获所有标准异常。

但是，列出的异常类型级别高了之后，如何知道这个异常是什么原因引起的呢？这就是异常信息变量的作用，由它补充具体异常的原因。虽然如此，但是要捕获的异常范围大了，就不能有针对性地进行具体的异常处理了，除非这些异常都采用同样的手段进行处理，如显示异常信息后一律停止程序运行。

2.3.4　else 子句与 finally 子句

在 try…except 语句后面可以添加 else 子句、finally 子句，二者选一或二者都添加。

else 子句在 try 没有抛出异常，即没有一个 except 子句运行的情况下才执行。而 finally 子句是不管任何情况下都要执行，主要用于善后操作，如对在这段代码执行过程中打开的文件进行关闭操作等。

代码 2-43　在 try…except 语句后添加 else 子句和 finally 子句。

```
try:
    x = eval(input('input x:'))
    y = eval(input('input y:'))
    #a
    z = x / y
    print('计算结果为: ',z)
except NameError as e:
    print('NameError:',e)
except ZeroDivisionError as e:
    print('ZeroDivisionError: ',e)
    print('请重新输入除数: ')
    y = eval(input('input y:'))
    z = x / y
    print('计算结果为: ',z)
else:
    print('程序未出现异常。')
finally:
    print('测试结束。')
```

一次执行情况：

```
input x:6
input y:0
ZeroDivisionError:  division by zero
请重新输入除数:
input y:2
计算结果为:  3.0
测试结束。
```

另一次执行情况：

```
input x:6
input y:2
计算结果为:  3.0
程序未出现异常。
测试结束。
```

2.3.5　异常的人工触发：raise 与 assert

前面介绍的异常都是在程序执行期间由解析器自动地、隐式触发的，并且它们只针对内置异常类。但是，这种触发方式不适合程序员自己定义的异常类，并且在设计并调试 except 子句时可能不太方便。为此，Python 提供了两种人工显式触发异常的方法：使用 raise 与 assert 语句。

1. raise 语句

raise 语句用于强制性（无理由）地触发已定义异常。

代码 2-44　用 raise 进行人工触发异常示例。

```
>>> raise KeyError('abcdefg','xyz')

Traceback (most recent call last):
  File "<pyshell#1>", line 1, in <module>
    raise KeyError,('abcdefg','xyz')
KeyError: ('abcdefg', 'xyz')
```

2. assert 语句

assert 语句可以在一定条件下触发一个未定义异常。因此，它有一个条件表达式，还可以选择性地带有一个参数作为提示信息。其语法格式如下：

```
assert 表达式[,参数]
```

代码 2-45　用 assert 进行人工有条件触发异常示例。

```
>>> def div(x,y):
        assert y != 0, '参数y不可为0'
        return x / y

>>> div(7,3)
2.3333333333333335
>>> div(7,0)

Traceback (most recent call last):
  File "<pyshell#11>", line 1, in <module>
    div(7,0)
  File "<pyshell#9>", line 2, in div
    assert y != 0, '参数y不可为0'
AssertionError: 参数y不可为0
```

注意：表达式是正常运行的条件，而不是异常出现的条件。

习题 2.3

1. 选择题

（1）在 try…except 语句中，＿＿＿＿。

A. try 子句用于捕获异常，except 子句用于处理异常

B. try 子句用于发现异常，except 子句用于抛出并捕获处理异常

C. try 子句用于发现并抛出异常，except 子句用于捕获并处理异常

D. try 子句用于抛出异常，except 子句用于捕获并处理异常，触发异常则是由 Python 解析器自动

引发的

（2）在 try…except 语句中，_____。

A. 只可以有一个 except 子句

B. 可以有无限多个 except 子句

C. 每个 except 子句只能捕获一个异常

D. 可以没有 except 子句

（3）else 子句和 finally 子句，_____。

A. 都是不管什么情况必须执行的

B. else 子句在没有捕获到任何异常时执行，finally 子句则不管什么情况都要执行

C. else 子句在捕获到任何异常时执行，finally 子句则不管什么情况都要执行

D. else 子句在没有捕获到任何异常时执行，finally 子句在捕获到异常后执行

（4）如果 Python 程序中使用了没有导入模块中的函数或变量，则运行时会抛出（　　　）错误。

A. 语法　　　　　　　B. 运行时　　　　　　　C. 逻辑　　　　　　　D. 不报错

（5）在 Python 程序中，执行到表达式 123 + 'abc'时，会抛出_____信息。

A. NameError　　　　　B. IndexError　　　　　C. SyntaxError　　　　　D. TypeError

（6）试图打开一个不存在的文件时所触发的异常是_____。

A. KeyError　　　　　B. NameError　　　　　C. SyntaxError　　　　　D. IOError

2. 代码分析

指出下列代码的执行结果，并上机验证。

（1）

```python
def testException():
    try:
        aInt = 123
        print (aint)
        print (aInt)
    except NameError as e:
        print('There is a NameError',e)
    except KeyError as e:
        print('There is a KeyError',e)
except ArithmeticError as e:
        print('There is a ArithmeticError',e)


testException()
```

若 print（aInt）与 print（aint）交换，又会出现什么情况？

（2）

```python
try:
    x = int(input('first number:'))
    y = int(input('second number:'))
    result = x / y
    print('result = ', result)
exceptZeroDivisionError:
    print (division by zero')
else:
    print('successful division')
```

Python 容器

容器是可以存储其他数据对象的数据对象。表 3.1 给出了 Python 几种内置容器的基本特征。

表 3.1　Python 几种内置容器的基本特征

容器类型		边界符	元素性质				
容器名称	标识符		特　征	值是否可变	分隔符	互异性	位置有序
序列 字符串	str	'···'/"···"/'''···'''/"""···"""	序列	否	无	无	是
序列 元组	tup	(···)	任何数据	否		无	是
序列 列表	list	[···]	任何数据	可		无	是
字典	dict	{···}	键-值对	键否，值可	，	键有	否
集合	set	{···}	任何数据	可		有	否

容器有众多的属性。容器之间的不同主要由边界符（也称起止符）和元素形态区别，就像生活中的容器有边缘材质和盛放物不同一样。从形式上，可以进行如下分辨：

1）用撇号作为边界线的是字符串。

2）用圆括号作为边界符的是元组。

3）用方括号作为边界符的是列表。

4）用花括号作为边界符的是字典或集合。其中字典的元素是键值对，而集合的元素的用非键值对。

3.1　序列对象构建与操作

序列（sequence）就是有序之排列。Python 有元组（tup）、列表（list）和字符串（str）

三种内置序列容器，它们的元素都按照某种方式有序地排列。三者之间的区别不仅在边界符上，而且还在可变性和元素的性质上：元组和字符串对象是不可变的容器，列表是可变容器；列表和元组的元素可以是任何以逗号分隔的对象，而字符串的元素是没有分隔符的字符列表。本节介绍序列对象的构建方法和通用操作。

列表、元组和字符串都可以用如下三种方式构建对象：使用直接书写合法的实例对象、用相应的构造方法构建、生成器或推导式生成。

3.1.1　直接书写合法的序列实例对象

一个序列实例对象，也称为序列字面对象或序列字面量。不管是元组、列表还是字符串，只要用某一种的边界符将合法的元素序列括起来，就成为序列对象。所谓合法的元素序列，是指元素之间使用了合法分隔符的序列。

代码 3-1　书写合法的序列实例对象示例。

```
>>> 'abcd1234'                              #创建一个普通字符串对象
'abcd1234'
>>> """abcdefghijk                          #用三撇号作边界符嵌套多行字符串
lmnop"krs'w'123'"""
'abcdefghijk\nlmnop"krs\'w\'123\''
>>> ''                                      #一个空字符串对象
''
>>> #========================================================
>>> ['ABCDE','Hello',"ok",'''Python''',123]  #创建一个列表对象
['ABCDE', 'Hello', 'ok', 'Python', 123]
>>> #========================================================
>>> ('ABCDE','Hello',"ok",'''Python''',123)  #创建一个元组对象
('ABCDE', 'Hello', 'ok', 'Python', 123)
>>> (123,)                                  #创建单元素元组，最后加一个分隔符
(123,)
>>> 1,2,3                                    # 圆括号可以省略
(1, 2, 3)
```

非但如此，还可以用变量指向这些用符号常量构建的序列实例对象。

代码 3-2　用变量指向序列实例对象示例。

```
>>> str1 =  'abcd1234'                       #创建字符串对象,用 str1 指向
>>> list1 = ['ABCDE','Hello',"ok",'''Python''',123] #创建列表对象, 用 list1 指向
>>> tup1 = ('ABCDE','Hello',"ok",'''Python''',123)  #创建元组对象,用 tup1 指向
```

3.1.2　用构造方法构建序列对象

构造方法也称工厂函数，用它们构建序列对象的语法格式如下：

```
list(iterable)             #用可枚举对象 iterable 构建一个列表对象
tuple(iterable)            #用可枚举对象 iterable 构建一个元组对象
str(字符串字面量)           #用可枚举对象 iterable 构建一个字符串对象
```

当参数缺省时，构建的是一个空序列对象。

代码 3-3 用构造方法构建序列对象示例。

```
>>> list1 = list()                    #构建一个空列表对象
>>> list1
[]
>>> list2 = list("I like Python,2017") #用字符串（可枚举）对象构建一个空列表对象
>>> list2
['I', ' ', 'l', 'i', 'k', 'e', ' ', 'P', 'y', 't', 'h', 'o', 'n', ',', '2', '0',
'1', '7']
>>> list3 = list(range(1,20,3))        #用 range()函数返回的递增整数序列构建一个列表对象
>>> list3
[1, 4, 7, 10, 13, 16, 19]
>>>
>>> t1 = tuple('a','b','c',1,2,3)    #错误，不能用多个参数
Traceback (most recent call last):
  File "<pyshell#10>", line 1, in <module>
    ti = tuple('a','b','c',1,2,3)
TypeError: tuple() takes at most 1 argument (6 given)>>> t1=tuple(['a','b',
'c',1,2,3])
>>> t1=tuple(['a','b','c',1,2,3]) #ok
>>> t1
('a', 'b', 'c', 1, 2, 3)
>>> t2 = tuple(range(1,20,3))          #用 range()函数返回的递增整数序列构建一个元组对象
>>> t2
(1, 4, 7, 10, 13, 16, 19)
>>> type(list1)                        #测试类型
<class 'list'>
>>> list2 = list('Hello,Python')       #将字符串用函数 list()转换为列表
>>> list2
['H', 'e', 'l', 'l', 'o', ',', 'P', 'y', 't', 'h', 'o', 'n']
```

注意：对象不再使用时，可以用 del 语句删除指向它的变量。不过，当一个对象的引用为 0 时，将会由垃圾处理机制自动回收。

3.1.3 列表推导式与生成器推导式

优雅、清晰和务实是 Python 的基本追求。为此，Python 在动态地修改或创建容器对象的操作中，推出了列表推导式（comprehension）和生成器推导式。

链 3-1 Python 数据对象的生命周期与垃圾回收机制

1. 列表推导式

列表推导式可以动态地创建一个列表，它有两种语法。

（1）基本列表推导式

基本列表推导式在逻辑上就相当于一个形式简洁的循环，也称迭代（iterable），语法格式如下：

```
[表达式 for 迭代变量 in 迭代对象]
```

其工作原理为：首先迭代对象里的所有内容，每一次迭代，都把迭代对象里相应内

容放到迭代变量（iter_var）中，再在表达式中应用该迭代变量的内容，最后用表达式的计算值生成一个列表。

代码 3-4　简单列表推导式应用举例。

```
>>> [i * 2 for i in range(10)]                    #不带条件的推导式
[0, 2, 4, 6, 8, 10, 12, 14, 16, 18]
>>> [x + y for x in 'ab' for y in '123']          #推导式嵌套形成字符组合
['a1', 'a2', 'a3', 'b1', 'b2', 'b3']
```

说明：

1）由上述代码可见，列表推导式表达了生成或修改列表时的逻辑关系，可以包含任何可迭代对象，并且可以嵌套，可以包含任意数目的 for 子句。

2）列表推导式是一次解析、全部生成。这样，就会在并不一次需要全部数据时，占用了较多内存，进行了多余的计算。

（2）可筛选列表推导式

可筛选列表推导式就是在列表推导式中增加了一个 if 子句。其语法格式如下：

```
[表达式 for 迭代变量 in 迭代对象 if 条件]
```

这样，只有满足了条件才把迭代对象里相应内容放到迭代变量中，再在表达式中应用该迭代变量的内容，最后用表达式的计算值生成一个列表。

代码 3-5　可筛选列表推导式应用举例。

```
>>> [i * 2 for i in range(10)  if i % 2 != 0]     #带有条件的推导式
[2, 6, 10, 14, 18]
```

注意：

1）不要用推导式代替一切。若只需要执行一个循环，就应当尽量使用循环，更符合 Python 提倡的直观性。

2）当有内建操作或者类型能够更直接地实现的，不要使用列表解析。例如复制一个列表时，使用 L1=list（L）即可，不必使用 L1=[x for x in L]。

2. 生成器推导式

生成器推导式相当于对列表解析的扩展。将一个列表推导式最外层的方括号改为圆括号，就变成生成器推导式了。顾名思义，生成器推导式生成的是生成器对象，而不是具体序列对象。生成器对象是一种延迟生成序列对象的工具。延迟就是各个元素的值在需要时才计算，而不是要计算好各个元素的值供以后使用。由于数据可以随用随生成，用过的数据若不再需要，就可以销毁，这样不仅可以节省内存空间，还能在低配置系统中完成大量数据的处理和较复杂的任务。这种优势在列表较长时才会较好地体现。

代码 3-6　列表生成器推导式示例。

```
>>> [i * 2 for i in range(10)]                    #列表推导式
[0, 2, 4, 6, 8, 10, 12, 14, 16, 18]
```

```
>>> (i * 2 for i in range(10))                    #生成器推导式
<generator object <genexpr> at 0x02C931C0>
>>> list1 = (i * 2 for i in range(10))
>>> next(list1)                                   #生成器对象的延时性演示
0
>>> next(list1)
2
>>> next(list1)
4
>>> next(list1)
6
>>> list(i * 2 for i in range(10))                #将生成器对象转换为列表对象
[0, 2, 4, 6, 8, 10, 12, 14, 16, 18]
>>> tuple(i * 2 for i in range(10))               #将生成器对象转换为元组对象
(0, 2, 4, 6, 8, 10, 12, 14, 16, 18)
```

显然，生成器对象是对象序列，可以转换为列表对象，也可以转换成元组对象。

3.1.4　序列对象判定与参数获取

1. 序列对象判定操作

序列对象的判定操作包括如下五类，它们均得到 bool 值：True 或 False。

1）对象值比较操作符：>、>=、<、<=、==和!=。

2）对象身份判定操作符：is 和 is not。

3）成员属于判定操作符：in 和 not in。

4）布尔操作符：not、and 和 or。

5）判定序列对象的元素是否全部或部分为 True 的内置函数：all()和 any()。

代码 3-7　对序列进行判定操作示例。

```
>>> list1 = ['ABCDE','Hello',"ok",'''Python''',123]; list2 = ['xyz',567]
>>> list1 == list2
False
>>> list1 != list2
True
>>> list1 > list2
False
>>> list1 < list2
True
>>> 'ABCDE' in list1
True
>>> ['xyz',567] is list2
False
>>> list2 is ['xyz',567]
False
>>> list3 = ['xyz',567]; list3 == list2
True
>>> list is list2
False
>>> t1 = (1,2,3); t2 = (1,2,3); t3 = (1,2,0)
>>> t1 == t2
True
```

```
>>> t1 is t2
False
>>> t1 = t2; t1 is t2
True
>>> all(t3)
False
>>> any(t3)
True
```

说明：

1）相等比较（==）与是否比较（is）不同，相等比较的是值，是否比较的是 ID。

2）序列对象不是按照值存储的，即值相等，不一定是同一对象。

3）字符串之间的比较是按正向下标，从 0 开始以对应字符的码值（如 ASCII 码值）作为依据进行的，直到对应字符不同，或所有字符都相同，才能决定大小或是否相等。

2. 获取序列对象的长度、最大值、最小值与元素和

下面四个 Python 内置函数用于获取序列有关数据。

len(obj)：返回对象 obj 的元素个数。

max(s)：返回序列 s 的最大值（仅限字符串或数值序列）。

min(s)：返回序列 s 的最小值（仅限字符串或数值序列）。

sum(s)：返回序列 s 的元素之和（仅限数值序列）。

代码 3-8　对序列求元素个数、最大元素、最小元素与和示例。

```
>>> list1 = ['ABCDE','Hello',"ok",'''Python''',123]; s1 = 'qwertyuiop'; t1 =
(1.23,3.1416,1.414)
>>> len(list1)
5
>>> max(list1)                          #错误，非数值序列、非字符串求最大值
Traceback (most recent call last):
  File "<pyshell#10>", line 1, in <module>
    max(list1)
TypeError: '>' not supported between instances of 'int' and 'str'
>>> max(s1)
'y'
>>> sum(s1)                             #错误，非数值序列求和
Traceback (most recent call last):
  File "<pyshell#20>", line 1, in <module>
    sum(s1)
TypeError: unsupported operand type(s) for +: 'int' and 'str'
>>> sum(t1)
5.7856
```

3.1.5　序列对象的连接与拆分

1. 序列对象连接与重复操作

Python 用连接操作符（+）和重复操作符（*）进行序列的连接和重复操作，语法格式如下：

序列 1 + *序列 2*

代码 3-9 序列连接与重复示例。

```
>>> list1 = ['ABCDE','Hello',"ok",'''Python''',123]
>>> list2 = ['xyz',567]
>>> list1 + list2
['ABCDE', 'Hello', 'ok', 'Python', 123, 'xyz', 567]
>>> list2 * 3
['xyz', 567, 'xyz', 567, 'xyz', 567]
>>> s1 = "ABCDEFGHIJK123"
>>> s2 = 'abcdfg'
>>> s1 + s2
'ABCDEFGHIJK123abcdfg'
>>> s2 * 3
'abcdfgabcdfgabcdfg'
```

2. 序列拆分

一个序列可以按照元素数量被拆分。下面分两种情形讨论。

（1）变量数与元素数一致

当变量数与元素数一致时，将为每个变量按顺序分配一个元素。

代码 3-10 变量数与元素数一致时的序列拆分示例。

```
>>> t1 = ("zhang",'male',20,"computer",3,(70,80,90,65,95))
>>> name,sex,age,major,year,grade = t1
>>> name
'zhang'
>>> sex
'male'
>>> age
20
>>> major
'computer'
>>> year
3
>>> grade
(70, 80, 90, 65, 95)
```

（2）变量数少于元素数

变量数与元素数不一致，将导致 ValueError。但是，用比序列元素个数少的变量拆分一个序列，可以获取一个子序列，办法是在欲获取子序列的变量前加一个星号。

代码 3-11 在序列中获取一个子序列的拆分示例。

```
>>> grade = (70, 80, 90, 65, 95)
>>> first,*middles,last = sorted(grade)    #middles 获取数据排序并去掉最高
                                            和最低项
>>> sum(middles)/len(middles)              #计算中间段的平均成绩
80.0
 ['computer', 3, (70, 80, 90, 65, 95)]
```

3.1.6　序列对象的元素索引、切片与排序

序列的基本特征是有序，即序列中的元素包含了一个从左到右的顺序，这个顺序用元素在序列中的位置偏移量表示。这个位置偏移量也称为序列号或下标，可以分为如图 3.1 所示的正向和反向两个体系。

图 3.1　序列的正向索引与反向索引

注意：正向下标最左端为 0，向右按 1 递增；反向下标最右端为–1，向左按–1 递减。

使用索引/切片操作符（[ ]）可以对序列进行索引/切片操作。

1. 索引

索引（index）是快捷获取信息的手段。在序列容器中，索引一个元素的操作由索引操作符（[]，也称为下标操作符）和下标进行。

代码 3-12　序列索引示例。

```
>>> list1 = ['ABCDE','Hello',"ok",'''Python''',123]
>>> list1[3]
'Python'
>>> s1 = 'abcd1234'
>>> s1[-3]
'2'
>>> t1 = ('ABCDE','Hello',"ok",'''Python''',123)
>>> t1[-5]
'ABCDE'
```

2. 切片

切片操作的语法格式如下：

```
序列对象变量 [ 起始下标 : 终止下标 : 步长 ]
```

说明：

1）切片就是在序列中划定一个区间[起始下标：终止下标)，并按步长选取元素，但不包括终止下标指示的元素。

2）步长的默认值为 1，即不指定步长，就是获取指定区间中的每个元素，但不包括终止下标指示的元素。

3）起始下标和终止下标省略或表示为 None，分别默认为起点和终点。

4）起始在左、终止在右时，步长应为正；起始在右、终止在左时，步长应为负，否则切片为空。

代码 3-13　序列切片示例。

```
>>> list1 = ['ABCDE','Hello',"ok",'''Python''',123]
```

```
>>> list1[:]                          #起始、终止、步长都缺省
['ABCDE', 'Hello', 'ok', 'Python', 123]
>>> list1[None:]                      #起始为 None，其他缺省
['ABCDE', 'Hello', 'ok', 'Python', 123]
>>> list1[::2]                        #起始、终止缺省，步长为 2
['ABCDE', 'ok', 123]
>>> list1[1:3]                        #步长缺省，起始、终止分别为 1、3
['Hello', 'ok']
>>> list1[-5:-2]                      #反向索引：起始在左，步长为正
['ABCDE', 'Hello', 'ok']
>>> list1[2:2]                        #起始与终止相同，取空
[]
>>> list1[2:3]
['ok']
>>> s1 = "ABCDEFGHIJK123"
>>> s1[-2:-10:2]                      #反向索引：起始在右，步长为正，将得空序列
''
>>> s1[-2:-11:-2]                     #反向索引：起始在右，步长为负
'2KIGE'
>>> s1[11:2:-2]                       #正向索引：起始在右，步长为负
'1JHFD'
```

3. 序列元素排序

可以用内置函数 sorted() 返回一个序列元素排序后的列表。该函数的语法格式如下：

```
sorted(序列对象[, key = 排序属性][, reverse = False/True])
```

说明：

1）排序的前提是元素间可相互比较。若序列中有不可相互比较的元素，就不可排序。

2）一个序列中的元素对象可以有许多属性，要用 key 指定按照哪个属性排序。例如，对字符串可以指定 str.lower。通常，对于字符串元素以及数值型元素对象，key 项可以缺省，默认，按照数值排序。对于字符串对象，按照编码值（如 ASCII 码值）对其中的字符排序。

3）sorted() 函数默认按照升序排序，但可以用 reverse 的取值 True/False 决定是否反转。

4）sorted() 函数返回一个列表。

代码 3-14 序列元素排序示例。

```
>>> list1 = ['ABCDE','Hello',"ok",'''Python''']
>>> s1 = 'qwertyuiop'
>>> t1 = (1.23,3.1416,1.414); t2 = ('a','y',1,2,'n')
>>> sorted(list1,key = str.lower)
['ABCDE', 'Hello', 'ok', 'Python']
>>> sorted(s1)
['e', 'i', 'o', 'p', 'q', 'r', 't', 'u', 'w', 'y']
>>> sorted(s1,reverse = True)
['y', 'w', 'u', 't', 'r', 'q', 'p', 'o', 'i', 'e']
>>> sorted(t1)                        #元组对元素排序后，将变成列表
[1.23, 1.414, 3.1416]
>>> sorted(t2)                        #错误，t2 中含不可比较元素
```

```
Traceback (most recent call last):
  File "<pyshell#28>", line 1, in <module>
    sorted(t2)
TypeError: '<' not supported between instances of 'int' and 'str'
```

说明：

1）对于元组施加 sorted 操作，将变成一个排序后的列表。

2）对含有不可相互比较的序列元素排序，将引发 TypeError 异常。

4. 获取关心的元素

为了获取关心的元素，可以用匿名变量（_）进行虚读。

代码 3-15　在序列中安排部分虚读示例。

```
>>> t1 = ("zhang",'male',20,"computer",3,(70,80,90,65,95))
>>> name,_,_,*learningStatus = t1        #嵌入虚读的匿名变量
>>> name
'zhang'
>>> learningStatus
```

3.1.7　序列遍历与迭代

在计算机程序设计中，遍历（traversal）是指按某条路径巡访容器中的元素，使每个元素均被访问到，而且仅被访问一次。

代码 3-16　用 for…in 结构实现一个字符串的遍历。

```
>>> s = 'abcd'
>>> for i in range(len(s)):
    print (s[i])
a
b
c
d
```

现代程序设计倾向于推荐使用迭代器进行容器元素的遍历。迭代指由前项导出后项，迭代器（iterator）就是使用迭代方法进行遍历的一种对象。在 Python 中，对一个对象进行迭代使用内置的 next() 函数。

一个对象使用 next() 函数的条件是它必须是可迭代的，或者说它有自己的 next() 函数。然而并非所有的对象都具有自己的迭代器。例如，序列对象就没有自己的迭代器，没有 next() 函数。此时，可调用内置 __iter__() 函数使其可迭代化，即为它生成自己的迭代器。

代码 3-17　用迭代器实现一个字符串的遍历。

```
>>> s = 'abcd'
>>> its = iter(s)             #为 s 生成自己的迭代器
>>> next(its)                 #迭代
'a'
>>> next(its)
'b'
>>> next(its)
```

```
'c'
>>> next(its)
'd'
```

迭代器使用 next()函数迭代，而不是通过索引来计数，使程序设计者将抽象容器和通用算法有机地统一起来，不必关心容器的内部结构，从而降低了程序设计的复杂性，也使代码简洁、优雅。同时，迭代器不要求事先准备好整个迭代过程中所有的元素，仅仅在迭代到某个元素时才计算该元素，而在这之前或之后，元素可以不存在或者被销毁，这特别适用于遍历一些巨大的或是无限的集合。当然，迭代器也有一些限制。例如，迭代器是一次性消耗品，使用完就空了。此外迭代器不能向后移动，不能回到开始。

3.1.8 列表的可变性操作

与元组和字符串不同，列表是可变数据类型。下面介绍主要的列表可变性操作。

1. 向列表增添元素

向列表增添元素有如下五种办法。

（1）利用加号（+）

代码 3-18 利用加号向序列添加元素示例。

```
>>> aList = [3,5,9,7];bList = ['a','b']
>>> aList += bList
>>> aList
[3, 5, 9, 7, 'a', 'b']
```

（2）利用乘号（*）

代码 3-19 利用乘号向序列添加元素示例。

```
>>> aList = [3,5,9,7]
>>> aList * 3
[3, 5, 9, 7, 3, 5, 9, 7, 3, 5, 9, 7]
```

（3）用 append()函数向列表尾部添加一个对象

代码 3-20 用 append()函数向列表尾部添加一个对象示例。

```
>>> aList = [3,5,9,7];bList = ['a','b']
>>> aList.append(bList)
>>> aList
[3, 5, 9, 7, ['a', 'b']]
>>> aList.append(True)
>>> aList
[3, 5, 9, 7, ['a', 'b'], True]
```

（4）用 extend()函数向列表尾部添加一个列表

代码 3-21 用 extend()函数向列表尾部添加一个对象示例。

```
>>> aList = [3,5,9,7];bList = ['a','b']
>>> aList.extend(bList)
>>> aList
[3, 5, 9, 7, 'a', 'b']
```

请将这个结果与代码 3-19 的结果比较。

（5）用 insert()函数将一个元素插入到指定位置

代码 3-22　用 insert()函数将一个对象插入到指定位置示例。

```
>>> aList = [3,5,9,7];bList = ['a','b']
>>> aList.insert(2,bList)
>>> aList
[3, 5, ['a', 'b'], 9, 7]
>>> aList.insert(4,2)
>>> aList
[3, 5, ['a', 'b'], 9, 2, 7]
```

这五种办法各有特色，但也有异曲同工之效。

2. 从列表中删除元素

Python 对于从列表中删除元素，有 del、remove、pop 三种操作。它们的区别在于：

1）del 根据索引（元素所在位置）删除。

2）remove 是删除首个符合条件的元素。

3）pop 返回的是弹出的那个数值。

代码 3-23　在列表中删除元素示例。

```
>>> aList = [3,5,7,9,8,6,2,5,7,1]
>>> del aList[3]
>>> aList
[3, 5, 7, 8, 6, 2, 5, 7, 1]
>>> aList.remove(7)
>>> aList
[3, 5, 8, 6, 2, 5, 7, 1]
>>> aList.remove(10)
Traceback (most recent call last):
  File "<pyshell#39>", line 1, in <module>
    aList.remove(10)
ValueError: list.remove(x): x not in list
>>> aList.pop(3)
6
>>> aList
[3, 5, 8, 2, 5, 7, 1]
```

使用时要根据你的具体需求选用合适的方法。

3. 体现列表是可变性的操作方法

除了元素增删，列表还有表 3.2 所示的其他一些可变性操作函数。

表 3.2　列表个性化操作的主要函数（设 aList = [3, 5, 7, 5]）

函数名	功　　能	参数示例	执行结果
aList.append(obj)	将对象 obj 追加到列表末尾	obj = 'a'	aList：[3, 5, 7, 5, 'a']
aList.clear()	清空列表 aList		aList：[]

（续）

函数名	功　能	参数示例	执行结果
aList.copy()	复制列表 aList	bList = aList.copy() id(aList) id(bList)	bList：[3, 5, 7, 5] 2049061251528 2049061251016
aList.count(obj)	统计元素 obj 在列表中出现的次数	obj = 5	2
aList.extend(seq)	把序列 seq 一次性追加到列表末尾	seq = ['a', 8, 9]	aList：[3, 5, 7, 'a', 8, 9]
aList.index(obj)	返回 obj 首个位置索引值：无 obj，则抛出异常	obj = 5	1
aList.insert(index, obj)	将 obj 插入列表中下标 index 的位置	index = 2, obj =8	aList：[3, 5, 8, 7, 5]
aList.pop(index)	移除 index 指定元素（默认尾元素），返回其值	index = 3	3, aList：[3, 5, 7]
aList.remove(obj)	移除列表中 obj 的第一个匹配项	obj = 5	aList：[3, 7, 5]
aList.reverse()	列表中的元素进行原地反转		aList：[5, 7, 5, 3]
aList.sort()	对原列表进行原地排序		aList：[3, 5, 5, 7]

这些函数仅属于列表类型，是列表容器的个性化属性。作为类属性，函数都被特别称为类方法（method），并且要用圆点（.）操作符——也称分量操作符进行访问。可以看出，内置的序列操作函数是将所操作对象作为参数，而列表个性化操作方法是作为操作对象的分量调用。

3.1.9　对象赋值、浅复制与深复制

1. 赋值

在 Python 中，不再使用的对象会被垃圾回收器自动回收。判断一个数据对象是否还在使用的标志是看还有无变量在指向它，即它还存不存在引用。一个没有经过赋值的字面量，在被使用后就会被回收器立即回收。

赋值操作是为数据对象增添引用的基本手段，每经过一次赋值操作，就会为数据对象增加一个引用。在一个作用域中增添的引用，会在该作用域终结时退出。因此，赋值操作充其量仅仅是复制引用，而不复制所指向的数据对象——即不会形成新的数据对象。

Python 中的赋值操作包括显式赋值操作——用赋值操作符（=）进行的赋值操作和隐式赋值操作——函数调用时的参数传递和函数返回时的数据传递。

2. 浅复制与深复制

在 Python 中，使用赋值操作不可能进行数据对象进行复制，形成新的数据对象，要复制数据对象，应当通过有关类或模块中的复制函数进行。这些复制函数可以分为两类：浅复制（shallow copy）与深复制（deep copy）。

1）可以进行浅复制的函数或方法包括：copy 模块中的 copy 函数、序列的切片操

作、对象的实例化等。

2）可以进行深复制的函数或方法包括：copy 模块中的 deepcopy 函数等。

下面分两种情形举例说明浅复制与深复制的区别。

（1）浅复制与深复制仅对可变数据对象有区别，对不可变数据对象没有区别

代码 3-24　浅复制与深复制对于可变数据对象与不可变数据对象的作用区别示例。

```
>>> import copy                         #导入 copy 模块
>>> x = (1,2,3,('a','b'))               #x 为不可变对象
>>> y = copy.copy(x)                    #y 为 x 的浅复制
>>> z = copy.deepcopy(x)                #z 为 x 的深复制
>>> id(x),id(y),id(z)                   #比较 x、y、z 三者的 id
(2319542617016, 2319542617016, 2319542617016)
>>> x1 = [1,2,3,['a','b']]              #x1 为可变对象
>>> y1 = copy.copy(x1)                  #y1 为 x1 的浅复制
>>> z1 = copy.deepcopy(x1)              #z1 为 x1 的深复制
>>> id(x1),id(y1),id(z1)                #比较 x1、y1、z1 三者的 id
(2319502470600, 2319542524936, 2319542496392)
```

说明：

1）id(y)与 id(z)相同，但与 id(x)不同，说明对于不可变对象，浅复制与深复制都重新创建了新的、相同的对象。

2）id(x)、id(y)与 id(z)三者都不相同，说明对于可变对象，浅复制与深复制都重新创建了新的对象，但二者所创建的新对象是不相同的对象。

（2）在嵌套的可变数据对象中，深复制比浅复制复制的深度深

代码 3-25　浅复制与深复制对于嵌套容器中的可变数据元素复制深度不同示例。

```
>>> import copy
>>> x = [1,2,3,['a','b','c'],4]
>>> y = copy.copy(x)
>>> z = copy.deepcopy(x)
>>> id(x[2]),id(y[2]),id(z[2])          #获取同一整数对象的 id
(1584641152, 1584641152, 1584641152)
>>> id(x[3][0]),id(y[3][0]),id(z[3][0]) #获取同一小字符串的 id
(1907772550704, 1907772550704, 1907772550704)
>>> id(x[3]),id(y[3]),id(z[3])          #获取同一可变对象成员的 id
(1907782020168, 1907782020168, 1907782020040)
```

说明：

1）由于 Python 为小整数建立了对象池，为小字符串建立了驻留机制，所以同一不可变数据对象按照存储，只保留一个存储，所以不管哪种复制，这些不可变对象的 id 都是唯一的。

2）在容器嵌套情况下，对于可变元素来说，浅复制与深复制的情形就不相同了。尽管浅复制的数据对象的 id 与源对象的 id 不同，但其所有元素的 id 都与源对象对应相同，即浅复制虽然会创建新对象，但其内容是原对象的引用，即它只复制了一层

链 3-2　Python 整数对象池与小字符串驻留机制

外壳。而对于深复制来说，其内嵌的可变元素对象的 id 也与源对象的对应元素的 id 不再相同，即这些内嵌元素也被复制了。所以深复制是完全复制，包括了多层嵌套复制，复制的深度大于浅复制。

习题 3.1

1. 判断题

（1）元组与列表的不同仅在于一个是用圆括号作边界符，一个是用方括号作边界符。（　　）

（2）列表是可变的，即使它作为元组的元素，也可以修改。（　　）

2. 选择题

（1）Python 语句 s = 'Python'; print(s[1:5])的执行结果是_____。

A. Pytho　　　　B. ytho　　　　C. ython　　　　D. Pyth

（2）Python 语句 list1 = [1, 2, 3]; list2 = list1; list1[1] = 5; print(list1)的执行结果是_____。

A. [1, 2, 3]　　　B. [1, 5, 3]　　　C. [5, 2, 3]　　　D. [1, 2, 5]

（3）Python 语句 list1 = [1, 2, 3]; list1.append([4, 5]); print(len(list1))的执行结果是 _____ 。

A. 3　　　　　　B. 4　　　　　　C. 5　　　　　　D. 6

（4）Python 中列表切片操作非常方便，若 l = range(100)，以下选项中正确的切片方式是_____。

A. l[-3]　　　　B. l[-2:13]　　　C. l[::3]　　　D. l[2-3]

（5）推导式[4(x, y) for x in [1, 2, 3] for y in [3, 1, 4] if x != y]的执行结果是_____。

A. [(1, 3), (2, 1), (3, 4)]

B. [(1, 3), (1, 4), (2, 3), (2, 1), (2, 4), (3, 1), (3, 4)]

C. [1, 2, 3, 3, 1, 4]

D. [(1, 3), (1, 1), (1, 4), (2, 3), (2, 1), (2, 4), (3, 3), (3, 1), (3, 4)]

（6）代码

```
>>> vec = [(1, 2, 3),(4, 5, 6),(7, 8, 9)]
>>> [num for e in vec for num in e}
```

执行的结果是_____。

A. [1, 2, 3, 4, 5, 6, 7, 8, 9]　　　　B. [[1, 2, 3], [4, 5, 6], [7, 8, 9]]

C. [[1, 4, 7], [2, 5, 8], [3, 6, 9]]　　　D. (1, 2, 3, 4, 5, 6, 7, 8, 9)

3. 填空题

（1）Python 语句 list1=[1, 2, 3, 4]; list2=[5, 6, 7]; print(len(list1 + list2))的执行结果是_____。

（2）Python 语句 print(tuple(range(2)), list(range(2)))的执行结果是_____。

（3）Python 语句 print(tuple([1, 3,]), list([1, 3,]))的执行结果是_____。

（4）设有 Python 语句 t=('a', 'b', 'c', 'd', 'e', 'f', 'g')，则 t[3]的值为_____、t[3:5]的值为_____、t[:5]的值为_____、t[5:]的值为_____、t[2::3]的值为_____、t[-3]的值为_____、t[::-2]的值为_____、t[-3: -1]的值为_____、t[-3:]的值为_____、t[-99: -7]的值为_____、t[-99: -5]的值为_____、t[::]的值为_____、t[1: -1]的值为_____。

（5）设有 Python 语句 list1=['a', 'b']，则语句系列 list1=append([1, 2]); list1.extend('3, 4'); list1.extend([5, 6]); list1.insert(1, 7); list1.insert(10, 8); list1.pop(); list1.remove('b'); list1[3:]=[]; list1.reverse()执行后，list1 的值为_____。

（6）Python 列表生成式[i for i in range(7) if i % 2 != 0]和[i ** 2 for i in range(5)]的值分别为_____。

（7）使用列表推导式生成包含 10 个数字 5 的列表，语句可以写为_____。

4. 代码分析题

（1）阅读下面的代码片段，给出各行的输出。

```
>>> list = [ [ ] ] * 5;  list                # output?
>>> list[0].append(10);;; list               # output?
>>> list[1].append(20)   ; list              # output?
>>> list.append(30);  list                   # output?
```

（2）执行下面的代码，会出现什么情况？

```
a = []
for i in range(10):
    a[i] = i * i
```

（3）对于 Python 语句

```
s1 = '''I'm Zhang, and I like Python.''';s2 = s1
s3 = '''I'm Wang, and I like Python.''';s4 = 'too'
```

下列各表达式的值是什么？

A. s2 == s1　　　　　　　　　　　　B. s2.count('n')

C. id(s1)==id(s2)　　　　　　　　　D. id(s1)==id(s3)

E. s1 <= s4　　　　　　　　　　　　F. s2 >= s4

G. s1 != s4　　　　　　　　　　　　H. s1.upper()

I. s1.find(s4)　　　　　　　　　　　J. len(s1)

K. s1[4:8]　　　　　　　　　　　　L. 3 * s4

M. s1[4]　　　　　　　　　　　　　N. s1[-4]

O. min(s1)　　　　　　　　　　　　P. max(s1)

Q. s1.lower()　　　　　　　　　　　R. s1.rfind('n')

S. s1.startswith("n")　　　　　　　　T. s1.isalpha()

U. s1.endswith("n")　　　　　　　　V. s1 + s2

（4）给出下面代码的输出，并解释说明。

```
def extendList(val, list=[]):
    list.append(val)
    return list

list1 = extendList(10)
list2 = extendList(123,[])
list3 = extendList('a')
```

```
print "list1 = %s" % list1print "list2 = %s" % list2print "list3 = %s" % list3
```

如何修改函数 extendList 的定义才能得到希望的结果？

（5）分析下面的代码，给出输出结果。

```
def multipliters():
    return [lambda x:i * x for i in range(4)]
print([m(2) for m in multipliters()])
```

（6）给出下面代码的输出，并解释说明。

```
def multipliers():
    return [lambda x : i * x for i in range(4)]
print [m(2) for m in multipliers()]
```

如何修改函数 multipliers 的定义才能得到希望的结果？

5. 程序设计题

（1）编写代码，实现下列变换：

A. 将字符串 s = "alex"转换成列表

B. 将字符串 s = "alex"转换成元组

C. 将列表 li = ["alex", "seven"]转换成元组

D. 将元组 tu = ('Alex', "seven")转换成列表

（2）有元组：tu = ('alex', 'eric', 'rain')，请编写代码，实现下列功能：

A. 计算元组长度并输出

B. 获取元组的第 2 个元素，并输出

C. 获取元组的第 1～2 个元素，并输出

D. 使用 for 输出元组的元素

E. 使用 for、len、range 输出元组的索引

F. 使用 enumerate 输出元组元素和序号（序号从 10 开始）

（3）用一行代码实现 1～100 之和（利用 sum()函数求和）。

（4）用 extend 将两个列表[1, 5, 7, 9]和[2, 2, 6, 8]合并为一个[1, 2, 2, 3, 6, 7, 8, 9]，并分析与 append 添加的不同。

（5）从排好序的列表里面，删除重复的元素.重复的数字最多只能出现两次，如 nums=[1, 1, 1, 2, 2, 3]要求返回 nums=[1, 1, 2, 2, 3]。

（6）将一个单词表映射为一个以单次长度为元素的整数列表，试用以下三种方法实现：

1）for 循环；

2）map()；

3）列表推导式。

（7）有一个拥有 N 个元素的列表，用一个列表解析式生成一个新的列表，使元素的值为偶数且在原列表中索引为偶数。

（8）有列表 a = [1, 2, 3, 4, 5, 6, 7, 8, 9, 10]，请用列表推导式求列表 a 中所有奇数并构造新列表。

3.2　Python 字符串个性化操作

字符串作为一种特殊的序列类型，除了有序列共性的操作方式外，还具有其个性化的操作方式。

3.2.1　字符编码标准

在计算机底层，任何数据都是用 0 和 1 表示的。为了能用 0 和 1 对文字编码，并且能共享，一些标准化组织制定了一些编码标准。下面是一些常用字符编码标准。

1. ASCII 编码

美国标准信息交换代码（American Standard Code for Information Interchange，ASCII）由美国国家标准学会（American National Standard Institute，ANSI）制定，后被国际标准化组织（International Organization for Standardization，ISO）定为国际标准。它使用指定的 7 位或 8 位二进制数组合表示基于拉丁字母的语言文字符号，形成 128 或 256 种可能的字符集，包括大写和小写拉丁字母、数字 0～9、标点符号、非打印字符（如换行符、制表符、退格、响铃控制字符）。这种字符集在全世界范围内的应用极为有限。

2. Unicode

Unicode（统一码、万国码、单一码）是一种 2 字节计算机字符编码，1990 年开始研发，1994 年正式公布。它占用比 ASCII 大一倍的空间，为欧洲、非洲、亚洲大部分国家文字的每个字符都设定了统一并且唯一的二进制编码，以满足跨语言、跨平台进行文本转换与处理的要求。但是，可以用 ASCII 表示的字符一般不使用 Unicode。

3. UTF-8

通用转换格式（Unicode Transformation Format，UTF）是为弥补 Unicode 空间浪费而开发的中间格式的字符集。其中应用广泛的是 UTF-8（8-bit Unicode Transformation Format），它是一种变长编码。例如，对于 ASCII 字符集中的字符，UTF-8 只使用 1 字节，并且与 ASCII 字符表示一样，而其他的 UnicodeE 字符转换成 UTF-8 至少需要 2 字节。

4. GBK

国标扩展（guobiaokuozhan，GBK）码是《汉字内码扩展规范》（Chinese Internal Code Specification）的简称，由中华人民共和国全国信息技术标准化技术委员会于 1995 年 12 月 1 日制定，国家技术监督局标准化司、电子工业部科技与质量监督司于 1995 年 12 月 15 日联合以技监标函 1995 229 号文件的形式将它确定为技术规范指导性文件。由于 IBM 在编写 Code Page 的时候将 GBK 放在第 936 页，所以称为 CP936。

严格地说，str 其实是字节串，它是 unicode 经过编码后的字节组成的序列。例如，对 UTF-8 编码的 str'汉'使用 len()函数时，结果是 3。因为实际上，UTF-8 编码的'汉'为'\xE6\xB1\x89'。Unicode 才是真正意义上的字符串，对字节串 str 使用正确的字符编码进行解码后获得，并且 len（u'汉'）的值为 1。

3.2.2 字符串测试与搜索

1. 字符串测试

字符串测试是判断字符串元素的特征，表 3.3 给出了 Python 字符串不划分区间的检查统计类操作方法。

表 3.3　Python 字符串不划分区间的检查统计类操作方法

方　　法	功　　能
s.isalnum()	若 s 非空且所有字符都是字母或数字，则返回 True；否则返回 False
s.isalpha()	如果 s 至少有一个字符并且所有字符都是字母，则返回 True；否则返回 False
s.isdecimal()	如果 s 只包含十进制数字，则返回 True；否则返回 False
s.isdigit()	如果 s 只包含数字，则返回 True；否则返回 False
s.islower()	如果 s 中包含有区分大小写的字符，并且它们都是小写，则返回 True；否则返回 False
s.isnumeric()	若 s 中只包含数字字符，则返回 True；否则返回 False
s.isspace()	若 s 中只包含空格，则返回 True；否则返回 False
s.istitle()	若 s 是标题化的（即所有单词首字母大写，非首字母小写），则返回 True；否则返回 False
s.isupper()	若 s 中包含有区分大小写字符，并且它们都是大写，则返回 True；否则返回 False
s.isdecimal()	检查字符串是否只包含十进制字符。只用于 unicode 对象

这些方法都比较简单，就不举例说明了。

2. 字符串搜索

字符串搜索是在给定的区间[beg, end]内搜索指定字符串，默认的搜索区间是整个字符串。Python 字符串的搜索方法见表 3.4。

表 3.4　Python 字符串的搜索方法

方　　法	功　　能
s.count(str, beg = 0, end = len(s))	返回区间内 str 出现的次数
s.endswith(obj, beg = 0, end = len(s))	在区间内检查字符串是否以 obj 结尾：是则返回 True；否则返回 False
s.find(str, beg = 0, end = len(s))	在区间内检查 str 是否包含在 s 中：是则返回开始的索引值；否则返回−1
s.index(str, beg = 0, end = len(s))	与 find()函数一样，只不过如果 str 不在 s 中，就会报一个异常
s.rfind(str, beg = 0, end = len(s))	类似于 find()函数，不过是从右边开始查找
s.rindex(str, beg = 0, end = len(s))	类似于 index()函数，不过是从右边开始
s.startswith(obj, beg = 0, end = len(s))	在区间内，若以 obj 开头，则返回 True；否则返回 False

3.2.3　字符串修改

字符串是不可变（immutable）序列对象。字符串修改实际上是基于一个字符串创建新字符串，并用指向原来字符串的变量指向它。表 3.5 给出了 Python 字符串的修改操作方法。

表 3.5　Python 字符串的修改操作方法

方　法	功　能
s.capitalize()	把字符串 s 的第一个字符大写
s.center(width)	返回一个原字符串居中，并使用空格填充至长度 width 的新字符串
s.expandtabs(tabsize = 8)	把字符串 s 中的 tab 符号转为空格，tab 符号默认的空格数是 8
s.ljust(width)	返回左对齐的原字符串，并用空格填充成长度 width 的新字符串
s.lower()	将转换 s 中的所有大写字符转换为小写
s.lstrip()	删除 s 首部的空格
s.rstrip()	删除 s 末尾的空格
s.strip([obj])	删除 s 首尾空格
s.maketrans(intab, outtab)	创建字符映射转换表。intab 表示需要转换的字符串；outtab 为转换的目标字符串
s.replace(str1, str2, num = s.count(str1))	把 s 中的 str1 替换成 str2，若 num 指定，则替换不超过 num 次
s.rjust(width)	返回右对齐的原字符串，并用空格填充成长度 width 的新字符串
s.swapcase()	翻转 s 中的大小写
s.title()	返回"标题化"的 s，即所有单词都以大写开始，其余字母均为小写
s.translate(table, del = "")	根据 table 给出的翻译表转换 s 的字符，del 参数为要过滤掉的字符
s.upper()	将 s 中的小写字母转换为大写
s.zfill(width)	返回长度为 width 的字符串，原字符串 s 右对齐，前面填充 0

代码 3-26　s.translate(table, del = "")应用示例。

```
>>> if __name__ == '__main__':
    m = {'a':'A','e':'E','i':'I'}
    s = "this is string example....wow!!!"
    transtab = str.maketrans(m)              #构建翻译表
    print (s.translate(transtab))            #进行转换

thIs Is strIng ExAmplE....wow!!!
```

说明：

1）方法 str.maketrans(m)是用字典 m 构建一个翻译表。

2）除 translate()方法外，其他方法的使用比较简单，这里就不举例说明了。

3.2.4　字符串分割与连接

表 3.6 给出了对 Python 字符串进行分割与连接的方法。

表 3.6　对 **Python** 字符串进行分割与连接的方法

方　　法	功　　能
s.split(str = "", num = s.count(str))	返回以 str 为分隔符将 s 分隔为 num 个子字符串组成的列表
s.splitlines()	返回在每个行终结处进行分隔产生的行列表，并剥离所有行终结符
s.partition(str)	返回第一个 str 分隔的 3 个字符串元组：(s_pre_str, str, s_post_str)。若 s 中不含 str，则 s_pre_str == s
s.rpartition(str)	类似于 partition()，不过是从右边开始查找
str.join(seq)	以 str 为连接符，将 seq 中各元素（的字符串表示）连接为一个新字符串

代码 3-27　字符串分割与连接示例。

```
>>> s1 = "red/yellow/blue/white/black"
>>> list1 = s1.split('/')                    #返回用每个'/'分隔子串的列表
>>> list1
['red', 'yellow', 'blue', 'white', 'black']
>>>
>>> s1.partition('/')                        #返回用第一个'/'分隔为 3 个子串的元组
('red', '/', 'yellow/blue/white/black')
>>> s1.rpartition('/')                       #返回用最后一个'/'分隔为 3 个子串的元组
('red/yellow/blue/white', '/', 'black')
>>>
>>> s2 = '''red
yellow
blue
white
black'''
>>> s2.splitlines()                          #返回按行分隔的列表
['red', 'yellow', 'blue', 'white', 'black']

>>> '#'.join(list1)                          #用#连接各子串
'red#yellow#blue#white#black'
```

3.2.5　字符串格式化与 **format()** 方法

1. 字符串格式化表达式

Python 字符串的格式化表达式由字符串格式化操作符（%）连接两个表达式组成，语法格式如下：

格式化字符串 % 被格式化对象

说明：

1）格式化字符串由格式化字段和一些可缺省字符组成。格式字段（也称格式指令）

用于指示被格式化对象在字符流中的格式，其语法格式如下：

```
%[flag][width][.precision]typecode
```

- flag：可以为+（右对齐）、-（左对齐）、0（0 填充）、"（空格）。
- width：宽度。
- precision：小数点后精度（仅对浮点类型有用）。
- typecode：输出格式类型码，简称格式符号，由#和一个转义格式化字符组成，用于指示将被格式化对象转换为哪种数据类型格式输出。表 3.7 列出了一些常用格式符号的意义。

表 3.7　常用格式转换字符

格式字符	解　释	格式字符	解　释	格式字符	解　释
%%	百分格式	%d	十进制有符号整数	%f	浮点数字（用小数点符号）
%c	字符及其 ASCII 码	%u	十进制无符号整数	%e	e 标记科学记数法浮点数
%s	用 str()转换为字符串	%o	八进制无符号整数	%E	E 标记科学记数法浮点数
%r	用 repr()转换为字符串	%x	小写十六进制无符号整数	%g	以值大小选用%e 或%f
%a	用 ascii()转换为字符串	%X	大写十六进制无符号整数	%G	以值大小选用%E 或%f

2）被格式化对象可以是一个标量（如一个字符串、一个数值），也可以是一个元组。

3）格式化字符串中的格式化字段数目与被格式化对象要一致，并且要在类型上对应。

4）格式化字符串中可以包括其他字符，这些字符不参与格式化操作，只原样返回。

5）格式化表达式执行时进行两个操作：一是将被格式化的对象按照格式化字段指定的格式转换为字符串；二是用这些转换得到的字符串替换格式化字符串中对应的格式字段。

代码 3-28　格式化表达式应用示例。

```
>>> name = 'Zhang'
>>> "Hello,this is%+10.5s, and you?"% name          #对字符串格式化
'Hello,this is     Zhang, and you?'
>>> 'I\'m %-05.3d years old. How about you? '%20     #对整数格式化
"I'm 020   years old. How about you? "
>>> 'The book is priced at %08.3f yuan. '%23.45      #对浮点数格式化
'The book is priced at 0023.450 yuan. '
```

显然，print()的作用仅是将被格式化字符串插入到流向标准输出设备的字符流中。

2. format()方法

format()是从 Python 2.6 开始新增的一个字符串格式化方法。它有两种不同的使用形式：一种是由格式化模板字符串调用，用被格式化的对象（字符串和数字）做参数；

另一种是在程序中直接调用，有两个参数：被格式化对象参数和格式化模板字段参数。这里介绍的是第一种方式。

在用模板字符串调用 format()时，模板字符串中含有一个或多个可替换的模板字段。模板字段用花括号（{}）括起，其作用是给某种类型的对象提供一个转换为字符串的模板。format()方法可以有一个或多个类型不同的对象参数。format()方法执行时，首先进行对象参数与模板字段项的匹配，然后将每个对象参数按照所匹配的模板字段指示格式转换为字符串，并替换所匹配的模板，返回一个被替换后的字符串。

（1）format()匹配方式

与字符串格式化表达式相比，format()方法的优势主要在于其对象参数与模板的匹配方式非常灵活。可以通过位置、序号、名称、索引（下标）进行匹配。

代码 3-29 format()的匹配方式应用示例。

```
>>> #位置匹配
>>> '{} is {}, {} is {}.'.format('This','Zhang','he','Wang')
'This is Zhang, he is Wang.'
>>> #序号匹配
>>> '{2} is {3}, {0} is {1}.'.format('he','Wang','This','Zhang')
'This is Zhang, he is Wang.'
>>> #名字匹配
>>> '{pronoun1} is {name1}, {pronoun2} is {name2}.'
   .format(name2 ='Wang',pronoun1 ='This',pronoun2 ='he',name1='Zhang')
 'This is Zhang, he is Wang.'
>>> #下标匹配
>>> pronoun=('he','This');name =('Wang','Zhang')
>>> '{1[1]} is {0[1]}, {1[0]} is {0[0]}.'.format(name,pronoun)
'This is Zhang, he is Wang.'
```

（2）format()格式规约

格式规约用于对格式进行精细控制，并采用冒号后面的格式限定符控制。这些格式限定符主要有如下几类。

1）对齐、填充、宽度。出现模板字段的前面部分，对所有对象都适用。

❑ 对齐：包括<（左对齐）、^（居中）和>（右对齐）。

❑ 填充：用一个字符表示，默认为空格。

❑ 宽度：一般是最小宽度。如果需要最大宽度，就在最小宽度后加一个圆点（.）后跟一个整数。

这三者的排列顺序是填充、对齐、最小宽度。

代码 3-30 格式化字符串中的对齐与填充示例。

```
>>> ls = 'left aligned'; cs = 'centered'; rs = 'right aligned'
>>> '{:<30}'.format(ls)
'left aligned                  '
>>> '{:>30}'.format(rs)
'                 right aligned'
>>> '{:^30}'.format(cs)
'           centered           '
>>> '{:=^30}'.format(cs)
```

```
'==========centered=========='
>>> '{:>>30}'.format(rs)
'>>>>>>>>>>>>>>>>right aligned'
>>> '{:<<30}'.format(ls)
'left aligned<<<<<<<<<<<<<<<<'
```

2）对数值数据增加如下限定符。

❏ =，用于填充 0 与宽度之间的分隔。

❏ 可选的符号字符：+（必须带符号的数值）、−（仅用于负数）、空格（让正数前空一格、负数带字符−）。

代码 3-31　数值填充与符号指定符应用示例。

```
>>> m = 12345678
>>> '{:=20}'.format(m)
'          12345678'
>>> '{:0=20}'.format(m)
'00000000000012345678'
>>> '{:0=20}'.format(-m)
'-0000000000012345678'
>>> '{:#^20}'.format(m)
'######12345678######'
>>> '{:%>20}'.format(m)
'%%%%%%%%%%%%12345678'
```

3）仅用于整数的进制指定符：d（十进制）、x 与 #x（小写十六进制）、X 与 #X（大写十六进制）、o 与 #o（八进制）、b 与 #b（二进制）。其中，#引导可以获取前缀。

代码 3-32　进制指定符应用示例。

```
>>> "int:{0:d}; hex:{0:x}; oct:{0:o}; bin:{0:b}".format(56)      #不获取前缀
'int:56; hex:38; oct:70; bin:111000'
>>> "int:{0:d}; hex:{0:#x}; oct:{0:#o}; bin:{0:#b}".format(56)   #获取前缀
'int:56; hex:0x38; oct:0o70; bin:0b111000'
>>> "hex: {0:x}(x); {0:#x}(#x); {0:X}(X); {0:#X}(#X)".format(56) #十六进制前缀大小写
'hex: 38(x); 0x38(#x); 38(X); 0X38(#X)'
```

4）仅用于浮点数的格式限定符有如下两项，它们要一起使用。

❏ 小数点后的精度：在最小宽度后面加一个句点（.），后跟一个整数。

❏ 类型字符：e 或 E（科学计数法表示）、f（标准浮点形式）、g（浮点通用格式）、%（百分数格式）。这类符号位于最后。

代码 3-33　浮点数格式指定符应用示例。

```
>>> x = 0.123456
>>> '{0:15.3e},{0:15.3f},{0:15.3%}'.format(x)
'      1.235e-01,          0.123,         12.346%'
>>> '{0:*<15.3e},{0:#^15.3f},{0:*>15.3%}'.format(x)
'1.235e-01******,#####0.123#####,********12.346%'
```

3.2.6　正则表达式

正则表达式（regular expression，简写为 regexp、regex、RE，复数为 regexps、regexes、 regexen、Res，又称为正规表示法、常规表示法）是特殊的字符序列，能帮助人们方便地检查一个字符串是否与某种模式匹配。它最早由神经生理学家 Warren McCulloch 和 Walter Pitts 提出，以作为描述神经网络模型的数学符号系统。1956 年，Stephen Kleene 在其论文《神经网事件的表示法》中将其命名为正则表达式。后来 UNIX 之父 Ken Thompson 把这一成果应用于计算机领域。现在，在很多文本编辑器中，正则表达式用来检索、替换符合某个模式的文本。

1. 模式与匹配

在文本处理时，会遇到许多问题，例如：

在一段文本中，是否含有数字？

在一段文本中，是否含有手机号码？

在一段文本中，是否含有 E-mail 地址？

对于这些问题，需要制定一些规则。例如，如何判断什么是手机号码等。正则表达式就是一套用于制定在文本处理时进行模式描述的小型语言。为此，引入模式（pattern）和匹配（matching）的概念。模式是关于规则、规律的表达或命名，是一个与问题（problem）、解决方案（solution）和效果（consequences）相关的概念。匹配是在一段文本中查找满足模式的字符串的过程。通常，匹配成功就返回一个 match 对象。

2. 正则表达式语法

正则表达式由普通字符和有特殊意义的字符组成。这些有特殊意义的字称为元字符（meta characters）。或者说，元字符就是文本进行文本操作的操作符。元字符及其组合组成一些"规则字符串"，用来表达对字符串的某种过滤逻辑。下面是一些常用元字符。

（1）基本的正则元符号

表 3.8 为一些基本的正则元符号字符。

表 3.8　基本的正则元符号字符

字符	说　明	举　例
[]	其中的内容任选其一字符	[1234]，指 1，2，3，4 任选其一
()	表示一组内容，括号中可以使用"|"符号	（Python）表示要匹配的是字符串"Python"
|	逻辑或	a|b 代表 a 或者 b
^	在方括号中，表示"非"；不在方括号中，表示匹配开始	[^12]，指除 1 或 2 的其他字符
–	范围（范围应从小到大）	[0-6a-fA-F]表示在 0，1，2，3，4，5，6，a，b，c，d，e，f，A，B，C，D，E，F 中匹配

（2）类型匹配的元符号特殊字符

表 3.9 为一些用于指定匹配类型的元符号特殊字符。

表 3.9　用于指定匹配类型的元符号特殊字符

字　　符	说　　明
.	匹配终止符之外的任何字符
\w	匹配字母、数字及下画线，等价于[a-z A-Z 0-9]
\W	匹配非字母、数字及下画线，等价于[^a-z A-Z 0-9]
\s	匹配任意空白字符，等价于[\t\n\r\f]
\S	匹配任意非空字符，等价于[^\t\n\r\f]
\d	匹配任意数字，等价于[0-9]
\D	匹配任意非数字，等价于[^0-9]
\n	匹配一个换行符
\t	匹配一个制表符

（3）边界匹配的元符号字符

表 3.10 为一些用于边界匹配的元符号特殊字符。

表 3.10　用于边界匹配的元符号特殊字符

字符	说　　明	举　　例
^	匹配字符串的开头	^a 匹配"abc"中的"a"；"^b"不匹配"abc"中的"b"；^\s*匹配"abc"中的左边空格
$	匹配字符串的末尾	c$匹配'abc'中的'c'；b$不匹配'abc'中的'b'；'^123$'匹配'123'中的'123'；\s*$匹配"abc"中的右边空格
\A	匹配字符串的开始	
\Z	匹配字符串的结束（不包括行终止符）	
\z	匹配字符串的结束	
\G	匹配最后匹配完成的位置	
\b	匹配单词边界，即单词和空格间位置	'py\b'匹配"python" "happy"，但不能匹配"py2" "py3"
\B	匹配非单词边界	py\B'能匹配"py2" "py3"，但不能匹配"python" "happy"

（4）指定匹配次数的元符号字符

表 3.11 为一些用于限定重复匹配次数的元符号特殊字符。

表 3.11　用于限定重复匹配次数的元符号特殊字符

字　　符	说　　明	字　　符	说　　明
*	前一字符重复 0 或多次	*?	重复任意次，但尽量少重复
+	前一字符重复 1 或多次	+?	重复 1 或多次，但尽量少重复
?	前一字符重复 0 或 1 次	??	重复 0 或 1 次，但最好是 0 次
{m}	前一字符重复 m 次	{m, n}	重复 m~n 次，但尽量少
{m,}	前一字符至少重复 m 次		

（5）常用的正则表达式示例

中华人民共和国手机号码：如+86 15811111111、0086 15811111111、15811111111
可表示为^(\+86|0086)?\s?\d{11}$。

中华人民共和国身份证号：15 位或 18 位，18 位最后一位有可能是 x（大小写均可），
可表示为^\d{15}(\d{2}[0-9xX])?$或^\d{17}[\d|X]|\d{15}$。

日期格式：如 2012-08-17 可表示为^\d{4}-\d{2}-\d{2}$或^\d{4}(-\d{2}){2}$。

E-mail 地址：^\w+@\w+(\.(com|cn|net))+$。

Internet URL：^https?://\w+(?:\.[^\.]+)+(?:/.+)*$。

3. re 模块及其常用正则表达式处理方法

re 是 Python 的一个模块，可以为 Python 提供一个与正则表达式的接口。这个模块
中有许多方法，可以将正则表达式编译为正则表达式对象（regular expression object）供
Python 程序引用，进行模式匹配搜索或替换等操作。

下面介绍 re 模块中常用的正则表达式处理方法。在这些方法中，需要使用的参数
含义解释如下。

pattern：模式或模式名。

string：要匹配的字符串或目标字符串。

slags：标志位，用于控制正则表达式的匹配方式。

count：替换个数。

maxsplit：最大分隔字符串数。

（1）re.search()

re.search()方法会在字符串内查找模式匹配，直到找到第一个匹配，然后返回一个
match 对象；如果字符串没有匹配，则返回 None。

原型：search(pattern, string, flags = 0)

代码 3-34 匹配 Zhang。

```
>>> import re
>>> text ="Hello,My name is Zhang3,nice to meet you..."
>>> k =re.search(r'Z(han)g3',text)
>>> if k:
    print (k.group(0),k.group(1))
else:
    print ("Sorry,not search!")

Zhang3 han
```

（2）re.match()

re.match()尝试从字符串的开始匹配一个模式，即匹配第一个单词。匹配成功，则
返回一个 match 对象，否则返回 None。

原型：match(pattern, string, flags = 0)

代码 3-35 匹配 Hello 单词。

```
>>> import re
```

```
>>> text = "Hello,My name is kuangl,nice to meet you..."
>>> k=re.match("(H.....)",text)
>>> if k:
    print (k.group(0),'\n',k.group(1) )
else:
    print ("Sorry,not match!")

Hello
 Hello
```

re.match()与 re.search()的区别：re.match()只匹配字符串的开始，如果字符串开始不符合正则表达式，则匹配失败，函数返回 None；而 re.search()匹配整个字符串，直到找到一个匹配。

（3）re.findall()

re.findall()在目标字符串中查找所有符合规则的字符串。如果匹配成功，则返回的结果是一个列表，其中存放的是符合规则的字符串；如果没有符合规则的字符串，则返回一个 None。

原型：findall(pattern, string, flags = 0)

代码 3-36　查找邮件账号。

```
>>> import re
>>> text = '<abc01@mail.com> <bcd02@mail.com> cde03@mail.com' #第 3 个故意没有尖括号
>>> re.findall(r'(\w+@m....[a-z]{3})',text)
['abc01@mail.com', 'bcd02@mail.com', 'cde03@mail.com']
```

（4）re.sub()

re.sub()用于替换字符串的匹配项，并返回替换后的字符串。

原型：sub(pattern, repl, string, count = 0)

代码 3-37　将空白处替换成*。

```
>>> import re
>>> text="Hi, nice to meet you where are you from?"
>>> re.sub(r'\s','*',text)
'Hi,*nice*to*meet*you*where*are*you*from?'
>>> re.sub(r'\s','*',text,5)                        #替换至第 5 个
'Hi,*nice*to*meet*you*where are you from?'
```

（5）re.split()

re.split()用于分隔字符串。

原型：split(pattern, string, maxsplit = 0)

代码 3-38　分隔所有的字符串。

```
>>> import re
>>> text = "Hi, nice to meet you where are you from?"
>>> re.split(r"\s+",text)
['Hi,', 'nice', 'to', 'meet', 'you', 'where', 'are', 'you', 'from?']
>>> re.split(r"\s+",text,5)                          #分隔前 5 个
['Hi,', 'nice', 'to', 'meet', 'you', 'where are you from?']
```

（6）re.compile()

re.compile()可以把正则表达式编译成一个正则对象。

原型：compile(pattern, flags = 0)

代码 3-39　编译字符串。

```
>>> import re
>>> k = re.compile('\w*o\w*')                    #编译带 o 的字符串
>>> dir(k)                                        #证明 k 是对象
['__class__', '__copy__', '__deepcopy__', '__delattr__', '__dir__', '__doc__',
'__eq__', '__format__', '__ge__', '__getattribute__', '__gt__', '__hash__', '_
_init__', '__init_subclass__', '__le__', '__lt__', '__ne__', '__new__', '__reduce_
_', '__reduce_ex__', '__repr__', '__setattr__', '__sizeof__', '__str__', '_
_subclasshook__', 'findall', 'finditer', 'flags', 'fullmatch', 'groupindex', 'groups',
'match', 'pattern', 'scanner', 'search', 'split', 'sub', 'subn']
>>> text = "Hi, nice to meet you where are you from?"
>>> print(k.findall(text))                        #显示所有包涵 o 的字符串
['to', 'you', 'you', 'from']
>>> print(k.sub(lambda m: '[' + m.group(o) + ']',text)) #将字符串中含o的单词用[]
                                                         括起来
Hi, nice [to] meet [you] where are [you] [from]?
```

4. match 对象与分组匹配

re 模块和正则表达式对象调用 match()方法或 search()方法匹配成功后，都会返回 match（匹配）对象。这时，还可以进一步使用 match 对象的方法进行分组匹配。

match 对象的分组匹配也称为子模式匹配，方法有三个。

m.group([group1, …])：返回匹配到的一个或者多个子组。

m.groups([default])：返回一个包含所有子组的元组。

m.groupdict(([default])：返回匹配到的所有命名子组的字典。key 是 name 值，value 是匹配到的值。

m.start([group])：返回匹配的组的开始位置。

m.end([group])：返回匹配的组的结束位置。

m.span([group])：返回匹配的组的位置范围，即(m.start(group), m.end(group))。

代码 3-40　提取文本中的电话号码。

```
>>> import re
>>> findsPhoneNum = "Zhang's 0510-13571998,Wang's 020-13572010,Li's 010-13572008,Zhao's
0351-13571956"
>>> patt = re.compile('(0\d{2,3})-(\d{7,8})')
>>> index = 0
>>> mResult = patt.search(findsPhoneNum,index)
>>> patt = re.compile('(0\d{2,3})-(\d{7,8})')
>>> index = 0
>>> while True:
    mResult = patt.search(findsPhoneNum,index)
    if not mResult:
        break
print('*'* 50)
    print('结果: ')
    for i in range(3):
```

```
        print('搜索内容: ',mResult.group(i),\
'从',mResult.start(i),'到 ',mResult.end(i),',范围: ',mResult.span(i))
        index = mResult.end(2)


*********************************************
结果:
搜索内容:  0510-13571998 从 8 到  21 ,范围: (8, 21)
搜索内容:  0510 从 8 到  12 ,范围: (8, 12)
搜索内容:  13571998 从 13 到  21 ,范围: (13, 21)
*********************************************
结果:
搜索内容:  020-13572010 从 29 到  41 ,范围: (29, 41)
搜索内容:  020 从 29 到  32 ,范围: (29, 32)
搜索内容:  13572010 从 33 到  41 ,范围: (33, 41)
*********************************************
结果:
搜索内容:  010-13572008 从 47 到  59 ,范围: (47, 59)
搜索内容:  010 从 47 到  50 ,范围: (47, 50)
搜索内容:  13572008 从 51 到  59 ,范围: (51, 59)
*********************************************
结果:
搜索内容:  0351-13571956 从 67 到  80 ,范围: (67, 80)
搜索内容:  0351 从 67 到  71 ,范围: (67, 71)
搜索内容:  13571956 从 72 到  80 ,范围: (72, 80)
```

习题 3.2

1. 判断题

（1）''、\t、\f、\n 和\r 称为空白字符。（　　　）

（2）用 format()函数可以将任意数量的字符串或数字按照模板字符串中对应的格式模板字段进行转换并替换后，将这个模板字符串返回。（　　　）

（3）正则表达式中的 search()方法可用来在一个字符串中寻找模式，匹配成功则返回对象，匹配失败则返回空值 None。（　　　）

（4）正则表达式中的元字符\D 用来匹配任意数字字符。（　　　）

2. 选择题

（1）代码

```
>>> str1 = 'hello world'
>>> str2 = 'computer'
>>> str1[-2]
```

的输出为＿＿＿＿＿＿。

A. e   B. id   C. l   D. er

（2）下列关于字符串的说法中，错误的是＿＿＿＿＿＿。

A. 字符串以\0 标志字符串的结束

B. 字符应该视为长度为 1 的字符串

C. 既可以用单引号，也可以用双引号创建字符串

D. 在三引号字符串中可以包含换行、回车等特殊字符

3. 代码分析题

（1）下面代码的输出是什么？

```
import re
sum = 0;pattern = 'boy'
if re.match(pattern,'boy and girl'): sum += 1
if re.match(pattern,'girl and boy'): sum += 2
if re.search(pattern,'boy and girl'): sum += 3
if re.search(pattern,'girl and boy'): sum += 4
print (sum)
```

（2）下面代码的输出是什么？

```
import re
re.match("to"."Wang likes to swim too")
re.search("to"."Wang likes to swim too")
re.findall("to"."Wang likes to swim too")
```

（3）下面代码的输出是什么？

```
import re
m = re.search("to"."Wang likes to swim too")
print (m.group(),m.span())
```

4. 程序设计题

（1）编写代码，实现下列变换。

1）将字符串 s = "alex"转换成列表。

2）将字符串 s = "alex"转换成元组。

3）将列表 li = ["alex", "seven"]转换成元组。

4）将元组 tu = ('Alex', "seven")转换成列表。

（2）有如下列表

```
li = ["hello", 'seven', ["mon", ["h", "kelly"], 'all'], 123, 446]
```

请编写代码，实现下列功能。

1）输出 Kelly。

2）使用索引找到 all 元素并将其修改为 ALL。

（3）编写一个程序，找出字符串中的重复字符。

（4）设计一个函数 myStrip()，它可以接收任意一个字符串，输出一个前端和后端都没有空格的字符串。

（5）给定两个字符串 s1、s2，判定 s2 能否给 s1 做循环移位得到字符串的包含。比如：

$$s1="AABBCD", s2="CDAA"$$

（6）给定一个字符串，寻找有字符串重复的最长子字符串。比如，给定"abcabcbb"，找到的是"abc"，长度为 3；给定"bbbbb"，找到的是"b"，长度为 1。

（7）统计出同姓的人名单。

3.3　字典

3.3.1　字典与散列函数

字典（dictionary）是 Python 的内置无序容器，它有如下特点的容器。

1）以花括号（{}）作为边界符。

2）可以有 0 个或多个元素，元素间用逗号分隔，没有顺序关系。

3）每个元素都是一个 key:value 的键值对，键值之间用冒号连接。

4）键是可 hash 的对象。散列函数也称为哈希函数（hash），就是把任意长度的输入（又叫作预映射，pre-image）通过散列算法变换成固定长度的输出，该输出就是散列值。这些值具有均匀分布性和唯一性。所以，字典的键具有唯一性，并且具有不可变性。在 Python 中，不可变对象（bool、int、float、complex、str、tup、frozenset 等）是可 hash 对象，可变对象通常是不可 hash 对象。

代码 3-41　可 hash 对象举例。

```
>>> import math
>>> hash(123456)
123456
>>> hash(1.23456)
540858536241164289
>>> hash(math.pi)
326490430436040707
>>> hash(math.e)
1656245132797518850
>>> hash('123456')
-7223035130123995062
>>> hash('abcdef')
-6277361403050886944
>>> hash((1,2,3,4,5,6))
-14564427693791970
>>> hash(3+5j)
5000018
>>> hash([1,2,3,4,5,6])                    #对可变对象进行 hash 计算出现错误
Traceback (most recent call last):
  File "<pyshell#17>", line 1, in <module>
    hash([1,2,3,4,5,6])
TypeError: unhashable type: 'list'
```

5）键-值映射（mapping）：键的作用是通过散列函数计算出对应值的存储位置。或者说，通过键可以方便地计算出对应值的存放地址（id），而不需要一个一个地寻找地址。

6）值是可变对象或不可变对象。

3.3.2　字典对象的创建

下面介绍创建字典对象的三类方法。

1. 用字面量和构造方法创建字典对象

代码 3-42　字面量和构造方法创建字典对象示例。

```
>>> #用字面量创建字典对象
```

```
>>> studDict = {'name':'Zhang','sex':'m','age':18,'major':'computer'};studDict
{ 'name': 'Zhang', 'sex': 'm', 'age': 18, 'major': 'computer'}
>>> #用构造方法转换得到字典对象
>>> studDict = dict((['name','Zhang'],['sex','m'],['age',18],['major','computer']));
studDict
{'name': 'Zhang', 'sex': 'm', 'age': 18, 'major': 'computer'}
>>> #创建空字典对象
>>> d1 = {};d2 = dict()
>>> #有重复键时，前面的键值对作废
>>> d3={'a':1,'b':2,'a':3}; d3
{'a': 3, 'b': 2}
```

2. 用 fromkeys()方法创建字典对象

代码 3-43 用 fromkeys()方法创建字典对象示例。

```
>>> #用空字典对象调用 fromkeys()方法创建值都为 None 的字典对象
>>> {}.fromkeys(['name','sex','age','major'])
{'name': None, 'sex': None, 'age': None, 'major': None}
```

3. 字典推导式

字典由键和值两部分组成，所以字典推导式也需要两部分组成：第一部分是键推导式；第二部分是值推导式，二者之间用冒号分隔；之后是 for 引导的循环表达式。

字典的键和值可以通过多种途径获取，如：

1）用 zip()从两个列表中获取。

2）通过表达式获取。

代码 3-44 字典推导式应用示例。

```
>>> D = {k:v for (k, v) in zip(['a', 'b', 'c'], [1, 2, 3])}
>>> D
{'a': 1, 'b': 2, 'c': 3}
>>> D2 = {k:v for k in ['a', 'b', 'c'] for v in range(1, 3)}
>>> D2
{'a': 2, 'b': 2, 'c': 2}
```

3.3.3 可作用于字典的主要操作符

表 3.12 列出了可作用于字典的主要操作符。

表 3.12 可作用于字典的主要操作符

操 作 符	功 能
=	d2 = d1，为字典对象增添一个引用变量 d2
Is	d1 is d2，测试 d1 与 d2 是否指向同一字典对象
in，not in	测试一个键是否在字典中
[]	用于以键查值、以键改值、增添键值对

代码 3-45 可作用于字典的主要操作符应用示例。

```
>>> studDict1 = {'name':'Zhang','major':'computer'}
```

```
>>> studDict2 = studDict1                    #赋值操作
>>> studDict2 is studDict1                    #id 是否相同测试
True
>>> studDict2 == studDict1                    #取值是否相等测试
True
>>> 'major' in studDict2                      #测试键是否存在
True
>>> 'sex' in studDict2                        #测试键是否存在
False
>>> studDict1['name']                         #以键查值
'Zhang'
>>> studDict2['sex'] = 'm'                     #增添新键值对
>>> studDict2
{'name': 'Zhang', 'major': 'computer', 'sex': 'm'}
>>> studDict2['name'] = 'Wang';studDict2      #以键改值
{'name': 'Wang', 'major': 'computer', 'sex': 'm'}
>>> len(studDict2)                            #计算字典长度
3
>>> del studDict2['major']     ; studDict2    #删除元素
{'name': 'Wang', 'sex': 'm'}
>>> del studDict2                             #删除字典对象
>>> studDict2                                 #显示不存在字典内容
Traceback (most recent call last):
  File "<pyshell#25>", line 1, in <module>
    studDict2
NameError: name 'studDict2' is not defined
```

3.3.4　用于字典操作的函数和方法

1. 用于字典操作的容器通用函数

字典操作通用函数包括标准内置函数和容器通用函数，如 type()、str()、len()、hash() 等。这些函数的用法与其他容器相同，这里不再赘述。

2. 字典中定义的方法

除了构造方法 dict()外，Python 字典中还定义了一些内置方法，见表 3.13。

表 3.13　Python 字典中定义的内置方法

方　　法	功　　能
dict1.clear()	删除字典内的所有元素
dict1.copy()	返回一个 dict1 的副本
dict1.fromkeys(seq, val=None)	创建一个新字典，以序列 seq 中的元素为键，val 为字典所有键对应的初始值
dict1.get(key[, d=None])	key 在，返回 key 的值；key 不在，返回 d 值或无返回
dict1.has_key(key)	如果键在字典 dict1 里，则返回 True；否则返回 False
dict1.items()	返回 dict1 中可遍历的键和值组成的序列
dict1.keys()	以列表返回一个字典所有的键
dict1.pop(key[, d])	若 key 在 dict1 中，则删除 key 对应的键值对；否则返回 d，若无 d，则出错
dict1.popitem()	在 dict1 中随机删除一个元素，返回该元素组成的元组；若 dict1 为空，则出错

（续）

方　法	功　能
dict1.setdefault(key, d=None)	若 key 已在 dict1 中，则返回对应值，d 无效；否则添加 key:d 键值对，返回值 d
dict1.update(dict2)	把字典 dict2 的元素追加到 dict1 中
dict1.values()	返回一个以字典 dict1 中所有值组成的列表

代码 3-46 字典方法应用示例。

```
>>> studDict1 = {'name':'Zhang','sex':'m','age':18,'major':'computer'}
>>> studDict2 = studDict1.copy();studDict2
{'name': 'Zhang', 'sex': 'm', 'age': 18, 'major': 'computer'}
>>> studDict3 = studDict1.fromkeys(studDict1);studDict3
{'name': None, 'sex': None, 'age': None, 'major': None}
>>> list1 = studDict1.keys();list1
dict_keys(['name', 'sex', 'age', 'major'])
>>> list2 =studDict1.values();list2
dict_values(['Zhang', 'm', 18, 'computer'])
>>> studDict3 = studDict1.fromkeys(list1,88);studDict3
{'name': 88, 'sex': 88, 'age': 88, 'major': 88}
>>> studDict4 = studDict1.popitem();studDict4
('major', 'computer')
>>> studDict1
{'name': 'Zhang', 'sex': 'm', 'age': 18}
>>> studDict1.pop('age',20)
18
>>> studDict1
{'name': 'Zhang', 'sex': 'm'}
>>> studDict1.setdefault('city','wuxi')
'wuxi'
>>> studDict1
{'name': 'Zhang', 'sex': 'm', 'city': 'wuxi'}
>>> studDict1.update(studDict2);studDict1
{'name': 'Zhang', 'sex': 'm', 'city': 'wuxi', 'age': 18, 'major': 'computer'}
```

习题 3.3

1. 选择题

（1）下列代码执行时会报错的是_____。

A. v1 = {}

B. v2 = {3:5}

C. v3 = {[1, 2, 3]:5}

D. v4 = {(1, 2, 3):5}

（2）以下不能创建一个字典的语句是_____。

A. dict1 = {}

B. dict2 = { 3 : 5 }

C. dict3 = dict([2, 5], [3, 4])

D. dict4 = dict(([1, 2], [3, 4]))

（3）下列说法中，错误的是_____。

A. 除字典类型外，所有标准对象均可用于布尔测试

B. 空字符串的布尔值是 False

C. 空列表对象的布尔值是 False

D. 值为 0 的任何数字对象的布尔值都是 False

2. 填空题

（1）Python 代码 d = {1:'a', 2:'b', 3:'c', 4:'d'}; del d[1]; del d[3]; d[1] = 'A'; print(len(d)) 的执行结果是_____。

（2）Python 代码 score = {'language':80, 'math':90, 'physics':88, 'chemistry':82}; score['physics'] = 96; print(sum(score.value() / len(score))) 的执行结果是_____。

（3）Python 代码 print(set([3, 5, 3, 5, 8])) 的执行结果是_____。

（4）Python 代码 d1 = {1: 'food'}; d2 = {1: '食品', 2: '图书'}; d1.update(d2); print(d1.[1]) 的执行结果是_____。

（5）在下画线处填写其上代码执行后的输出。

```
>>> b = [{'g':1}] * 4
>>> print(b)
[_____]
>>> b[0]['g'] = 2
>>> print(b)
[_____]
```

（6）在下画线处填写其上代码执行后的输出。

```
>>> b = [{'g':1}] + [{'g':1}] + [{'g':1}] + [{'g':1}]
>>> print(b)
[_____]
>>> b[0]['g'] = 2
>>> print(b)
[_____]
```

3. 代码分析题

```
tu = ("alex", [11, 22, {"k1": 'v1', "k2": ["age", "name"], "k3": (11,22,33)}, 44])
```

请回答下列问题：

（1）tu 变量中的第一个元素 alex 是否可被修改？

（2）tu 变量中的"k2"对应的值是什么类型？是否可以被修改？如果可以，请在其中添加一个元素 "Seven"。

（3）tu 变量中的"k3"对应的值是什么类型？是否可以被修改？如果可以，请在其中添加一个元素 "Seven"。

4. 简答题

（1）数据的可变性（immutable）指什么？Python 的哪些类型是可更改的（mutable）？哪些不可更改？

（2）哪些 Python 类型是按照顺序访问的？它们和映射类型的不同是什么？

5. 程序设计题

（1）有如下值集合[11, 22, 33, 44, 55, 66, 77, 88, 99, 90]，将所有大于 66 的值保存至字典的第一个 key 中，将小于 66 的值保存至第二个 key 中。

（2）有字典 dic = {'k1': "v1", "k2": "v2", "k3": [11, 22, 33]}，请编写代码，实现下列功能。

1）循环输出所有的 key。

2）循环输出所有的 value。

3）循环输出所有的 key 和 value。

4）在字典中添加一个键值对"k4": "v4"，输出添加后的字典。

5）修改字典中"k1"对应的值为"alex"，输出修改后的字典。

6）在 k3 对应的值中追加一个元素 44，输出修改后的字典。

7）在 k3 对应的值的第 1 个位置插入一个元素 18，输出修改后的字典。

（3）给出 0~1 000 中的任一个整数值，就会返回代表该值的符合语法规则的形式英文，如输入 89，返回 eight-nine。

（4）对下面的字典，试根据键从小到大对其排序。

dict = {"name":"zs", "age":18, "city":"深圳", "tel":"1362626627"}

（5）有一个列表嵌套字典如下，试分别根据年龄和姓名进行排序。

foo = [{"name":"zs", "age":19}, {"name":"ll", "age":54}, {"name":"wa", "age":17}, {"name":"df", "age":23}]

3.4 集合

集合是 Python 的一类内置无序容器，也以花括号作为边界符。Python 的集合具有数学意义上集合的所有概念，其基本特点是无序、互异，并分为可变集合（set）和不可变集合（frozenset）两种类型。可变集合的元素可以添加、删除，而不可变集合不能。可变集合是不可 hash 的，而不可变集合是可 hash 的。

3.4.1 创建集合对象

1. 用构造方法创建

集合对象可以通过构造方法创建：用 set()创建可变集合对象，用 frozenset()创建不可变集合对象。

代码 3-47 集合对象创建示例。

```
>>> s1 = set();s1                        #创建空集合对象
set()
>>> s2 = {1,2,3,4,5}; s2                 #用集合字面量创建集合对象
{1, 2, 3, 4, 5}
>>> s3 = set(1,2,3,4,5);s3               #set()不直接接收一般形式的参数
Traceback (most recent call last):
  File "<pyshell#3>", line 1, in <module>
    s3 = set(1,2,3,4,5);s3
TypeError: set expected at most 1 arguments, got 5
>>> s4 = set({1,2,3,4,5}); s4            #用集合字面量作为 set()参数
{1, 2, 3, 4, 5}
>>> s5 = set([1,2,3,4,5]);s5            #用列表作为 set()参数
{1, 2, 3, 4, 5}
>>> s6 = set(i for i in range(0,10)); s6    #用迭代器作为 set()参数
```

```
{0, 1, 2, 3, 4, 5, 6, 7, 8, 9}
>>> s7 = set('I\'m a student.'); s7              #用字符串作为 set()参数
{'m', 'e', 'n', 'I', ' ', "'", '.', 'u', 'a', 'd', 't', 's'}
>>> fs1 = frozenset('I\'m a student.'); fs1      #用字符串作为 frozenset()参数
frozenset({'m', 'e', 'n', 'I', ' ', "'", '.', 'u', 'a', 'd', 't', 's'})
```

2. 集合推导式

集合推导式比较简单，只要将列表推导式最外层的方括号换成花括号，就成为集合推导式。

代码 3-48　列表推导式和集合推导式比较示例。

```
>>> [i * 2 for i in range(10)]                   #列表推导式
[0, 2, 4, 6, 8, 10, 12, 14, 16, 18]
>>> {i * 2 for i in range(10)}                   #不带条件的集合推导式
set([0, 2, 4, 6, 8, 10, 12, 14, 16, 18])
>>> {i * 2 for i in range(10) if i % 3 == 0}     #带条件的集合推导式
set([0, 18, 12, 6])
```

3.4.2　Python 集合运算操作符与方法

集合运算操作分为操作符和方法两种。这些运算操作符都不对被操作集合对象进行修改，因此既适用于 set，也适用于 frozenset。

1. Python 集合运算操作符

表 3.14 为集合运算操作符。

表 3.14　集合运算操作符

Python 操作符	对应数学符号	功　能	示例表达式 s1 = set(['a', 'b', 'c']);s2 =set (['a', 'b'])	结　果
=		赋值	>>> s3 = s1; s3	{'a', 'b', 'c'}
In、not in	∈、∉	判断对象是/不是集合的成员	>>> 'a' in s1	True
==、!=	=、≠	判断两集合是否相等/不等	>>> s1 == s2	False
<	⊂	严格子集判断	>>> s1 < {'a', 'b', 'c'}	False
<=	⊆	子集判断	>>> s1 <= {'a', 'b', 'c'}	True
>	⊃	严格超集判断	>>> s1 > s2	True
>=	⊇	超集判断	>>> s1 >= {'a', 'b', 'c'}	True
&	∩	获取交集	>>> s1 & {'r', 's', 't', 'b'}	{'b'}
|	∪	获取并集	>>> s1 | {'r', 's', 't', 'b'}	{'a', 't', 'b', 's', 'r', 'c'}
−	−或\	相对补集或差补	>>> s1 − s2	{'b'}
^	△	对称差分	>>> {'r', 's', 't', 'b'} ^ s1	{'r', 's', 't'}
for		遍历 s1 中的元素	>>> for I in s1:	

图 3.2 形象地说明了两个集合之间的交、并、差和对称差之间的关系。

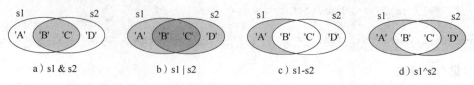

a）s1 & s2　　　　b）s1 | s2　　　　c）s1-s2　　　　d）s1^s2

s1=set{('A','B','C')};s2=set{('B','C','D')}

图 3.2　两个集合之间的交、并、差和对称差

代码 3-49　遍历集合中的元素示例。

```
>>> s1= frozenset({'a','z','w','s'})
>>> for i in s1:
    print(i,end ='\t')
z    s    w    a
```

除上述操作符外，还有四个复合操作符。

s1 |= s2 等价于 s1= s1 | s2

s1 &= s2 等价于 s1= s1 & s2

s1 -= s2 等价于 s1= s1 - s2

s1 ^= s2 等价于 s1= s1 ^ s2

它们形式上是改变了 s1，但是实际上是新建了 s1 所指向的集合对象。

代码 3-50　集合的复合赋值操作示例。

```
>>> s1= frozenset({1,2,3,4,5}); s1
frozenset({1, 2, 3, 4, 5})
>>> s2 ={'a','b','c'}
>>> s1 &= s2
>>> s1= frozenset({1,2,3,4,5})
>>> id(s1)
1935428451016
>>> s1 &= s2; s1
frozenset()
>>> id(s1)
1935428451912
```

2. Python 集合运算方法

表 3.15 为 Python 的集合运算方法，它们与其运算操作符在功能上基本对应。

表 3.15　**Python 集合运算方法**

集合运算方法	运算表达式	集合运算方法	运算表达式
s1.isdisjoint(s2)	s1 == s2	s1.intersection(s2, ⋯)	s1 & s2 & ⋯
s1.issubset(s2)	s1 <= s2	s1.difference(s2, ⋯)	s1 − s2 − ⋯
s1.issuperset(s2)	s1 >= s2	s1.symmetric_difference(s2)	s1 ^ s2 ^⋯
s1.union(s2, ⋯)	s1	s2	⋯		

3.4.3　可变集合操作方法

表 3.16 为仅适合于可变集合的方法，它们将对原集合进行改变。

表 3.16　仅适合于可变集合的方法

set 专用方法	功　能	set 专用方法	功　能
s1.add(obj)	在 s1 中添加对象 obj	s1.update(s2)	将 s1 修改为与 s2 之并集
s1.clear()	清空 s1	s1.intersection_update (s2)	将 s1 修改为与 s2 之交集
s1.discard(obj)	若 obj 在 s1 中，则将其删除	s1.difference_update (s2)	将 s1 修改为与 s2 之差集
s1.pop()	若 s1 非空，则随机移出一个元素；否则导致 KeyError	s1.symmetric_difference_update (s2)	将 s1 修改为与 s2 之对称差集
s1.remove(obj)	若 s1 有 obj，则移出；否则导致 KeyError		

代码 3-51　修改可变集合示例。

```
>>> s1 = {1,2,3,4,5}; s2 = {3,4,5,6,7}
>>> s1.pop()
1
>>> s1
{2, 3, 4, 5}
>>> s2.discard(3); s2
{4, 5, 6, 7}
>>> s1.update(s2); s1
{2, 3, 4, 5, 6, 7}
>>> s1={2,3,4,5}; s1.intersection_update (s2); s1
{4, 5}
>>> s1 = {2,3,4,5}; s1.difference_update (s2); s1
{2, 3}
>>> s1 ={2,3,4,5}; s1.symmetric_difference_update (s2); s1
{2, 3, 6, 7}
```

3.4.4　面向集合容器的操作函数

集合作为一种无序的容器，可以进行容器性操作。表 3.17 给出了集合对象的主要容器性操作的函数。这些操作不修改集合，所以适用于 set，也适合 frozenset。

表 3.17　集合对象的主要容器性操作的函数（集合对象：s1 = {1, 2, 3, 4, 5}，s2={'a', 'b', 'c'}

函数/方法	功　能	结　果
len(s1)	求集合元素个数	5
max(s1)	求最大元素	'c'
min(s1)	求最小元素	'a'
sum(s1)	求元素之和（不可有非数值元素）	15
s1.copy()	新建集合对象（s3 = s1.copy）	

习题 3.4

1. 选择题

（1）在后面的可选项中选择下列 Python 语句的执行结果。

print (type ({}))的执行结果是_____。

print (type ([]))的执行结果是_____。

print (type (()))的执行结果是_____。

A. <class 'tuple'>   B. <class 'dict'>   C. <class 'set'>   D. <class 'list'>

（2）集合 s1 = {2, 3, 4, 5}和 s2 = {4, 5, 6, 7}执行操作 s3 = s1; s1.update(s2)后，s1、s2、s3 指向的对象分别是_____。

A. {2, 3, 4, 5, 6, 7}、{2, 3, 4, 5, 6, 7}、{2, 3, 4, 5, 6, 7}

B. {2, 3, 4, 5, 6, 7}、{4, 5, 6, 7}、{2, 3, 4, 5, 6, 7}

C. {2, 3, 4, 5, 6, 7}、{4, 5, 6, 7}、{2, 3, 4, 5}

D. {2, 3, 4, 5}、{2, 3, 4, 5, 6, 7}、{2, 3, 4, 5}

（3）下面不能创建一个集合的语句是_____。

A. s1 = set ()   B. s2 = set ("abcd")

C. s3 = (1, 2, 3, 4)   D. s4 = frozenset((3, 2, 1))

（4）代码

```
nums = set{1, 1, 2, 3, 3, 3, 4}
print (len(nums)
```

执行后的输出结果为_____。

A. 2   B. 5   C. 4>   D. 7

2. 判断题

（1）Python 集合中的元素可以重复。（   ）

（2）对于两个集合 s1 和 s2，若已知表达式 s1 < s2 的值为 False，则表达式 s1 > s2 一定为 True。（   ）

（3）无法删除集合中指定位置的元素，只能删除特定值的元素。（   ）

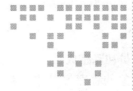

第 4 章　*Chapter 4*

基于类的程序设计

作为一种面向对象的程序设计语言，Python 除了具有"一切皆对象"的特点外，还有另一个更重要的特点——"一切来自类"，并把类作为第一资源。它不仅提供了最常用的内置类，如 int 类、float 类、list 类、dict 类、str 类等，还用可导入模块的方式提供了大量扩展的或领域的类。此外，还提供了一套供用户根据具体题的需求设计自己需要的类的机制。

4.1　类与对象

4.1.1　类模型与类语法

1. 类的方法与属性

类之间的重要区别在于行为。例如，学生是接受知识和能力教育的人群，工人是不占有生产资料，通过工业劳动或手工劳动获取报酬的人群，运动员是通过体育训练和比赛获取荣誉和补偿的人群，职员是从事行政或事务工作并获取报酬的人群。

类与类之间的不同还在于属性项不同。例如，学生的属性项主要有学校名称、年级、姓名、年龄、性别、成绩等；工人的属性项主要有工种、级别、姓名、年龄、性别和配偶姓名等；运动员的属性项主要有运动项目、姓名、年龄、性别、比赛成绩等；职员的属性项有公司名称、职位、姓名、薪酬等。

通常，行为成员用方法（method）描述；属性成员用属性（properties），也称数据成员描述。方法和属性就是类的基本成员。

类的属性分为类属性和实例属性。类属性用于描述该类所有对象的共同特征，也用于与其他类相区别，例如职员类中的公司名称（cName）就是其类属性。实例属性用于表现一个类中不同对象的特征，例如职员类中的职员姓名（eName）、薪酬（salary）就是其实例属性。

类的方法又分为实例方法、静态方法和类方法。关于它们的异同，将在 4.1.4 节和 4.2.1 节中介绍。

2. 公开成员和私密成员

在面向对象的程序设计中，类是一类对象的抽象和模型。一个类的好坏遵循程序模块设计的基本原则。1972 年，David Parnas 给出了一个程序模块的基本原则——信息隐藏原则。简单来说，信息隐藏就是凡是不需要外部知道的，就将它们隐藏起来。这样的好处有：模块间的联系少，模块的独立性强，可以较好地应付不断变化的需求，将不同的变化因素封装在不同的模块中，减少软件维护的工作量。

按照信息隐藏原则，在设计类时将成员分为两类：公开（public）成员和私密（private）成员。它们的区别在于，公开成员可以被外部（类的定义域之外）的对象访问，而私密成员不可以被外部的对象直接访问。经验证明，属性数据是对象的可变元素，在类定义中应当尽量将其设计成私密成员，使外部对象不能轻而易举地获得，更不能被外界随意操作。此外，与外部无关的成员也都应设计成私密成员。

由此可见，类封装了属性和行为，还区分了公开成员与私密成员，形成外部只能通过公开成员作为外部访问接口的封装体。这种封装性（encapsulation）是类的一个重要特点。因此，类就是定义一类对象的行为方法和属性选项的模型。或者说，类是某一类对象属性和行为的封装体。

3. Python 的类语法

在 Python 中，类定义用关键字 class 引出，其语法如下：

```
class 类名 :
    类文档串              #对于类的描述文档，可以省略部分
    类属性声明
    def __init__(self, 实例参数1, 实例参数2,…):
        实例属性声明
    方法定义
```

说明：

1）类定义由类头和类体两大部分组成。类头也称为类首部，占一行，以关键字 class 开头，后面是类名，之后是冒号。下面是缩进的类体。

2）类名应当是合法的 Python 标识符。自定义类名的首字母一般采用大写。

3）类体由类文档串和类成员的定义（说明）组成。类文档串是一个对类进行说明的三撇号字符串，通常放在类体的最前面，对类的定义进行一些说明，可以省略。类的成员可以分为方法（method）和属性两大类。

4）属性也是对象，是数据对象，它们都用变量引用。指向类属性（class attribute）的变量称为类变量（class variable）；指向实例属性（instance attribute）的变量称为实例变量（instance variable）。

5）Python 要求实例变量声明在一个特别的方法__init__()中。这个方法用于对实例变量进行初始化，故称为初始化方法（也称为构造方法，但不太准确）。

6）在 Python 中，指向私密成员的变量和方法名字要以双下画线（__）为前缀。

4. Python 类定义示例

代码 4-1　Employee 类的定义。

```
class Employee():
    '''Define an employee class'''              #文档串
    cName = 'ABC'                               #公开属性——类属性变量初始化

    def __init__ (self, eName= ' ', salary = 0.0):  #特别私密方法化——实例化方法
        self.eName = eName                      #公开实例属性变量
        self. __salary = salary                 #私密实例属性变量
        pass
    def getValue(self):                         #实例方法
        return (self.cName, self.eName,self. __salary)
                                                #类属性作为实例属性才可访问
        pass
```

说明：

1）pass 是 Python 的一个关键字，代表一个空的代码块或空语句。

2）getValue(self)是一个实例方法。所有的实例方法的第一个参数都必须是 self。在实例方法中引用的实例变量都要加上 self 前缀，表示它们都是所提及实例的成员。

4.1.2　对象创建与__init__()方法

1. 类对象的创建与实例对象的创建

类定义实际上是一个可执行语句，它在执行时就创建了一个对象，并用所定义的名字指向它。这个对象就是类对象，它的名字就是类名。创建了类对象就是创建了一个类实例的基本模型，在这个模型中包含所有的类变量和类方法，但不包含实例成员。要创建一个类对象，直接写出类名即可。当然，也可以用一个变量指向它。例如，对于 Employee 类来说，就是

```
>>> e1 = Employee                               #用变量 e1 指向类对象 Employee
```

实例对象是以类对象为基础创建的，它不仅含有类成员，还含有用于区别实例个体的实例成员，是一个已经个性化了的对象。所以，要创建实例对象需要提供实例参数，起码要有提供实例参数的形式，即要写成函数的样子。对 Employee 类来说，就是

```
>>> e2 = Employee('Zhang', 2345.67)   #创建一个 Employee 实例对象并用变量 e2 指向它
>>> e3 = Employee()                   #创建一个空的 Employee 实例对象并用变量 e3 指向它
```

这种带有实例参数的方法称为实例对象的构造方法。

2. __init__()方法

任何对象的生命周期都是从初始化开始的。这个调用是自动的，但可能是隐式的，也可能是显式的。对象必须初始化，才能正常工作和被引用。作为 Python 实例的初始化方法，__init__()方法具有如下特点。

1）它的名字前后都使用了双下画线（__），表明它是 Python 定义的特别成员。任何一个类都可以定义这个方法，只是参数不同。

2）它的第一个参数默认指向当前的对象——本对象，名字不限，但一般使用 self，使其意义更明确。其他参数用于实例变量的初始化。

3）为了能创建空的实例对象，__init__()方法的参数应当设有默认值。

3. 创建实例对象的过程

1）定义类，即生成类对象。

2）调用实例对象构造函数，复制一个类对象，并按照实例参数的数量和类型生成相应的实例变量，形成实例对象框架。

3）自动调用__init__()方法，将实例对象的 id 传递给__init__()的 self 参数，将实例参数按照顺序传递给__init__()方法的其他参数。

4）__init__()方法分别对各个实例变量进行初始化。由于传递了实例对象的 id，所以初始化是对实例对象的各个实例变量进行的。

5）__init__()方法返回，创建实例对象的操作结束。

由此可以看出，__init__()只执行实例属性的初始化，不负责进行存储分配。尽管许多人将之称为构造方法，但却名不符实，最多可以称为内部构造方法。因此，本书坚持称其为初始化方法，这样在概念上准确一些，特别是对初学者有好处。

4. 在类定义外显式补充属性

Python 作为一种动态语言，除了用变量指向的对象类型可以变化外，另一个表现就是一个类的成员可以动态改变，即类可以在引用过程中增添新的属性，类对象可以增添类属性，实例对象可以增添实例属性。

代码 4-2 Employee 类的测试。

```
>>> from employee import Employee          #导入 Employee 类定义
>>> Employee                               #测试名字 Employee
<class '__main__.Employee'>
>>> e1 = Employee                          #用 e1 指向 Employee
>>> e1.cName                               #用类对象 e1 访问类变量,正确
'ABC'
>>> e1.eName                               #用类对象访问实例变量,错误
Traceback (most recent call last):
  File "<pyshell#5>", line 1, in <module>
    e1.eName
AttributeError: type object 'Employee' has no attribute 'eName'
>>> e1.getValue()                          #用类对象在外部访问实例方法,错误
Traceback (most recent call last):
  File "<pyshell#6>", line 1, in <module>
    e1.getValue()
```

```
TypeError: getValue() missing 1 required positional argument: 'self'
>>>
>>> e2 = Employee('Zhang',2345.67)          #创建实例对象,并用 e2 指向该对象
>>> e2                                       #测试 e2
<__main__.Employee object at 0x000001BE745E6160>
>>> e2.getValue()                            #实例对象在外部调用实例方法,正确
('ABC', 'Zhang', 2345.67)
>>> e2.cName                                 #实例对象访问类变量,正确
'ABC'
>>> e2.eName                                 #实例对象在外部访问公开实例变量,正确
'Zhang'
>>> e2.salary                                #实例对象在外部访问私密实例变量,错误
Traceback (most recent call last):
  File "<pyshell#12>", line 1, in <module>
    e2.salary
AttributeError: 'Employee' object has no attribute 'salary'
>>>
>>> #在外部补充属性
>>> e1.hostCountry = 'China'                 #在类定义外补充实例属性,正确
>>> e1.hostCountry                           #用类对象调用补充的类属性,正确
'China'
>>> e2.hostCountry
'China'
>>> e2.hobbies = 'swimming'                  #在类定义外补充实例属性,正确
>>> e2.hobbies                               #用实例对象调用补充的实例属性,正确
'swimming'
>>> e1.hobbies                               #用类对象调用补充的实例属性,错误
Traceback (most recent call last):
  File "<pyshell#9>", line 1, in <module>
    e1.hobbies
AttributeError: type object 'Employee' has no attribute 'hobbies'
>>> #修改属性测试
>>> e2. cName = 'AAA'; e2. cName;e1.cName    #企图用实例对象修改类属性,失败
'AAA'
'ABC'
>>> e1.cName = 'AAA'; e1.cName               #用类对象修改类属性,正确
'AAA'
```

说明:

1)类对象名后面添加的圆括号是在构建实例对象时传递参数用的,将其称为构造函数、构造方法或工厂方法。不加圆括号的类对象不能传递参数,也就不能用于构建实例对象。

2)创建实例对象时,构造方法将被调用,并执行两个操作。

① 生成一个类对象的副本。

② 自动调用__init__方法,为生成的对象添加实例变量,也称为对实例对象初始化。

3)用类对象和实例对象都可以在外部分别补充属性变量。

4)在测试由实例对象修改类属性时,并没有报错,只是用类对象 e1 测试时,没有成功;而用 e2 测试时,成功了。这是为什么?道理很简单。就 e2 来说,你不让修改公司名称,我自己补充一个自己用的公司名称。这个名称的作用域在 e2 中,所以类对象 e1 访问不到。通过下面的测试,可以看出 e1.cName 与 e2.cName 不是

同一个对象。

```
>>> id(e1.cName)
12224128
>>> id(e2.cName)
24341760
```

4.1.3 最小特权原则与成员访问限制

最小特权（least privilege）原则可以看作信息隐藏原则的补充和扩展，也是系统安全中最基本的原则之一。它要求限定系统中每一个主体所必需的最小特权，确保由可能的事故、误操作等酿成的损失最小。在设计程序时，在程序运行时，最小特权原则要求每一个用户和程序在操作时应当使用尽量少的特权。最小特权原则要求所有模块的特权不能都一样，应按照需要给不同元素设定不同的访问权限。

在 Python 面向对象的体系中，从不同角度实施最小特权原则和信息隐藏原则，对成员访问采取了不同的限制。

1. 类对象与实例对象的访问限制

由代码 4-2 可以看出，Python 面向对象机制中，对于类对象与实例对象的交叉访问有表 4.1 所示的一些限制。

表 4.1 类对象与实例对象的交叉访问限制

访问者	类变量	公开实例成员	类补充属性	实例补充属性
类对象	√	×	√	√
实例对象	只可引用，不可修改	√	×	√

2. 成员函数不可用名字直接访问属性变量

Python 类定义的特殊性在于它所创建的是一个隔离的命名空间。这种隔离的命名空间与作用域有一定的差异：一是它不能在里面再嵌套其他作用域；二是它是在定义时立即绑定，不像函数那样在执行的时候才进行绑定。这样就导致在类中成员函数（方法）的命名空间与类的命名空间是并列的，而非嵌套的命名空间。或者说，Python 类定义所引入的"作用域"对于成员函数是不可见的，这与 C++或者 Java 有很大区别。因此，Python 成员函数想要访问类体中定义的成员变量，必须通过 self 或者类名以属性访问的形式进行，而不可用名字直接访问。

3. 公开属性和私密属性的引用与访问

在类定义中，成员分为公开和私密两种，它们的引用与访问有所不同，如公开属性可以用任意变量引用，私密属性需用以双下画线(__)开头的变量引用。公开属性可以在类的外部调用，私密属性不能在类的外部调用。

代码 4-3 公开属性和私密属性的访问权限测试示例。

```
>>> class people():                      #定义一个 people 类
    Name = ''                            #公开属性 name 空值
```

```
      def __init__(self):   #定义初始化构造方法__init__,其实就是定义一个初始化函数
          self.name = 'Zhangxxx'    #给公开属性赋值
          self.__age = 18           #给私密属性赋值

>>> if __name__=='__main__':      #在类的外部,main 函数中
    p1 = people()                 #调用 people 类,实例化 people 类的对象
    print (p1.name)               #打印出公开属性
    print (p1.age)                #企图在外部访问并打印私密属性
Zhangxxx
Traceback (most recent call last):
  File "<pyshell#4>", line 4, in <module>
    print (p1.__age)              #企图在外部访问并打印私密属性
AttributeError: 'people' object has no attribute '__age'
```

说明:

1)这个运行结果表明,Python 类给了私密成员最小的访问权限——只能在类的成员函数内部访问私密成员,不可在外部访问。这是因为双下画线开头的属性和方法在被实例化后会自动在其名字前面加_classname 前缀,因为名字被改变了,所以自然无法通过双下画线开头的名字访问,从而达到不可进入的目的。

2)既然不能从外部访问私密属性,但又需要在外部使用某个私密属性的值时,Python 提供了间接地使用 showinfo 方法获取这个属性。并且还允许采用属性访问的方式用"实例名.__dict__"查看实例中的属性集合。这又体现了一定程度的灵活性。

代码 4-4 私密属性的间接获取与查看示例。

```
>>> class people():
    name = ''
    __age = 0
    def __init__(self):
        self.name = 'zhangxxx'
        self.__age = 18
    def showinfo(self):          #定义 showinfo 方法可在外部获取私密属性
        return self.__age        #返回私密属性的值

>>> if __name__=='__main__':
    p1 = people()
    print (p1.name)
    print (p1.showinfo())        #调用 showinfo()函数获取并打印私密属性
    print (p1.__dict__)          # __dict__可以看到 Python 面向对象的私密成员

zhangxxx
<bound method people.showinf of <__main__.people object at 0x00000210946FCB38>>
{'name': 'zhangxxx', '_people__age': 18}
```

4. 方法覆盖

Python 允许在一个类中编写几个名字相同而参数不同的方法。但是,排在后面的方法会覆盖排在前面的方法。

代码 4-5 定义在后的方法覆盖定义在前的方法示例。

```
>>> class Area(object):
```

```
    def __init__(self, a = 0, b = 0, c = 0):
        self.a = a;self.b = b; self.c = c
    def getArea (self, a, b, c):
        l = self.a + self.b + self.c
        s = pow (l * (l - self.a) * (l - self.b) * (l - self.c), -2) / 2
        print ('该三角形面积为: ', s)
    def getArea(self, a, b):
        s = self.a * self.b
        print ('该矩形面积为: ', s)
    def getArea(self,a):
        s = self.a * self.a * 3.14159
        print ('该圆面积为: ', s)
    pass

>>> area1 = Area(1)
>>> area1.getArea(1)
该圆面积为:  3.14159
>>> area2= Area(2,3)
>>> area2.getArea(2,3)
Traceback (most recent call last):
  File "<pyshell#28>", line 1, in <module>
    area2.getArea(2,3)
TypeError: getArea() takes 2 positional arguments but 3 were given
```

说明:

1) 在类 Area 中定义了三个 getArea() 方法,它们的实例参数分别为 3、2、1。从执行结果看,只有排在最后的方法执行成功,其他都认为是参数数量错误。

2) 在同一个名字域中,后面的方法会覆盖前面的同名方法。这是因为方法也是对象,原先这个名字指向前面的对象,重新定义以后,方法名就指向后面定义的对象。

4.1.4 实例方法、静态方法与类方法

除了属性成员外,类的另一种成员是方法。在 Python 中,类中的方法分为实例方法、静态方法与类方法。

1. 实例方法

前面介绍的将实例默认为第一参数(通常用 self 代指)的方法都是实例方法。实例方法主要用于对实例成员进行操作。在程序中,实例方法可以由程序员定义,不过为了方便程序开发,Python 还内置了相当多的具有共同性的实例方法。前面介绍的 __init__() 就是其中之一。还有相当多的内置实例方法,将在 4.2.3 节与 4.2.4 节介绍。

2. 静态方法与类方法

类的非实例方法有两种:一种称为静态方法(static method);另一种称为类方法(class method)。它们的共同点如下:

1) 都可以由类对象或实例对象调用。

2）都不可以对实例对象进行访问，即它们都不传入实例对象及其参数。

3）它们都只传入与实例对象无关的类属性。

它们的不同点如下：

1）定义时所使用的修饰器不同。静态方法使用@staticmethod，类方法使用@classmethod。

2）参数不同。类方法用类对象作为默认在第一参数，通常用 cls 代指；静态方法则没有 cls 参数。

代码 4-6 使用静态方法输出 Employee 类生成的实例对象数。

```
>>> class Employee():
    numInstances = 0
    def __init__(self):
        Employee.numInstances += 1

    @staticmethod
    def showNumInstances():                                    #静态方法：输出实例数
        print('Number of instances created:',Employee.numInstances) #类对象调用

>>> e1,e2,e3 = Employee(),Employee(),Employee()
>>> Employee.showNumInstances()                                #类对象调用
Number of instances created: 3
>>> e1.showNumInstances()                                      #实例对象调用
Number of instances created: 3
>>> e2.showNumInstances()                                      #实例对象调用
Number of instances created: 3
>>> e3.showNumInstances()                                      #实例对象调用
Number of instances created: 3
```

说明： 静态方法可以由类对象调用，也可以由实例对象调用。

代码 4-7 使用类方法输出 Employee 类生成的实例对象数。

```
>>> class Employee:
    numInstances = 0                                           #类属性:记录实例数
    def__init__(self):
        Employee.numInstances += 1

    @classmethod
    def showNumInstances(cls):                                 #类方法：输出实例数
        print('Number of instances created:',cls.numInstances)  #cls 参数调用

>>> e1,e2,e3 = Employee(),Employee(),Employee()
>>> e1.showNumInstances()
Number of instances created: 3
>>> e2.showNumInstances())
Number of instances created: 3
>>> e3.showNumInstances()
Number of instances created: 3
```

3. 小结

表 4.2 为静态方法、类方法与实例方法之间的比较。

表 4.2　静态方法、类方法与实例方法之间的比较

	装饰器定义	调用者		访问者			默认的第一参数
		类对象	实例对象	静态成员	类属性	实例成员	
静态方法	@staticmethod	√	√	√	×	×	无
类方法	@classmethod	√	√	√	√	×	类对象
实例方法	无	×	√	√	可用，不可改	√	实例对象

静态方法和类可以用类对象或实例对象调用，传入的是类对象；实例方法只可用实例对象调用。

类方法和实例方法的第一个参数分别限定为定义该方法的类对象（多以 cls 代指）和调用该方法的实例对象（多以 self 代指），而静态方法无此限制。

静态方法只允许访问静态成员（即静态成员变量和静态方法），不允许访问实例成员变量和实例方法。实例方法则无此限制。

习题 4.1

1. 选择题

（1）只可访问一个类的静态成员的方法是_____。

A. 类方法　　　　　　B. 静态方法　　　　　　C. 实例方法　　　　　　D. 外部函数

（2）只有创建了实例对象，才可以调用的方法是_____。

A. 类方法　　　　　　B. 静态方法　　　　　　C. 实例方法　　　　　　D. 外部函数

（3）将第一个参数限定为定义给它的类对象的是_____。

A. 类方法　　　　　　B. 静态方法　　　　　　C. 实例方法　　　　　　D. 外部函数

（4）将第一个参数限定为调用它的实例对象的是_____。

A. 类方法　　　　　　B. 静态方法　　　　　　C. 实例方法　　　　　　D. 外部函数

（5）只能使用在成员方法中的变量是_____。

A. 类变量　　　　　　B. 静态变量　　　　　　C. 实例变量　　　　　　D. 外部变量

（6）不可以用__init__()方法初始化的实例变量称为_____。

A. 必备实例变量　　　　　　　　　　　　B. 可选实例变量

C. 动态实例变量　　　　　　　　　　　　D. 静态实例变量

2. 填空题

（1）在创建实例对象的过程中，实例对象创建后，就会自动调用_____进行实例对象的初始化。

（2）一个实例对象一经创建成功，就可以用_____操作符调用其成员。

（3）实例属性在类体内通过_____访问，在外部通过_____访问。

（4）实例方法的第一个参数限定为_____，通常用_____表示。

（5）类方法的第一个参数限定为_____，通常用_____表示。

（6）在表达式"类名.成员变量"中的成员变量是_____成员变量；在表达式"实例.成员变量"中的成员变量是_____成员变量。

3. 判断题

（1）一个实例变量一旦被创建，它的作用域就是整个类。（   ）

（2）所有的实例方法都要以 self 作为第一参数。（   ）

（3）方法和函数实际上是一回事。（   ）

（4）实例就是具体化的对象。（   ）

4. 代码分析题

阅读下面的代码，并给出输出结果。

（1）

```
class A:
    def __init__(self,p = 'Python'):
        self.p = p
    def print(self):
        print(self.p)

a = A()
a.print()
```

（2）

```
class A:
    def __init__(self):
        self.p = 1
        self._q = 1

    def getq(xyz):
        return self.-q

a = A()
a.p = 20
print(a.p)
```

（3）

```
class Account:
        def __init__ (self,id):
            self.id = id; id = 999

ac = Account(1000); print(ac.id)
```

（4）

```
class Account:
    def __init__ (self, id, balance):
        self.id = id; self.balance = balance
```

```
        def deposit(self, amount): self. balance += amount
        def withdraw(self, amount): self. balance -= amount
acc = Account('abcd', 200); acc.deposit(600); acc.withdraw(300); print(acc.balance)
```

5. 程序设计题

（1）设计一个 Rectangle 类，可由方法成员输出矩形的长、宽、周长和面积。

（2）设计一个大学生类，可以由方法成员输出姓名、性别、年龄、学号、专业。

4.2 类的内置属性、方法与函数

Python 不仅用模块形式建立了基于类的资源库，还为支持面向类的程序开发提供了丰富的、对于所有类和对象通用的属性、方法和函数。

4.2.1 类的内置属性

表 4.3 为 Python 所有类都具有的特别成员——Python 内置类属性，这些成员名的前后都带有双下画线，表明它们的身份特别。

表 4.3　Python 内置类属性

成员名	说　明
__doc__	类的文档字符串
__module__	类定义所在的模块
__class__	当前对象的类
__dict__	类的属性组成字典
__name__	泛指当前程序模块
__main__	直接执行的程序模块
__slots__	列出可以创建的合法属性（但并不创建这些属性），防止随心所欲地动态增加属性

代码 4-8　常用内置特别属性的应用示例。

```
>>> class A:                        #定义类A
        'ABCDE'
        pass

>>> a = A()                         #创建对象a
>>> a.__class__                     #获取对象的类
<class '__main__.A'>
>>> A. __doc__                      #获取类A的文档串
'ABCDE'
>>> a. __doc__                      #获取对象a所属类的文档串
'ABCDE'
>>> a. __module__                   #获取对象a所在模块名
'__main__'
>>> A. __module__                   #获取类A定义所在模块名
'__main__'
>>> __main__ == '__main__'          #判断当前模块是否为'__main__'
```

```
True
>>> A. __dict__                          #获取类 A 的属性
mappingproxy({'__module__': '__main__', '__doc__': 'ABCDE', '__dict__':
<attribute '__dict__' of 'A' objects>, '__weakref__': <attribute '__weakref__' of 'A'
objects>})
>>> a. __dict__                          #获取对象 a 的属性
{}
```

说明:

1)模块是对象且所有模块都有一个内置属性__name__。__name__可以表示模块或文件,也可以表示模块的名字,具体看用在什么地方,即一个模块的__name__的值取决于如何应用模块。如果 import 一个模块,那么模块__name__的值通常为模块文件名,不带路径或者文件扩展名。

2)Python 程序模块有两种执行方式:调用执行与直接(立即)执行。__main__表示主模块,应当优先执行。所以,若在一段代码前添加"if __name__ == '__main__': ",就表示后面书写的程序代码段要直接执行。

3)__dict__代表了类或对象中的所有属性。从上面的测试中可以看出,类 A 中有许多成员。这么多的成员从何而来呢?主要来自两个方面:一是 Python 内置的一些特别属性,如'__module__': '__main__';二是程序员定义的一般属性,如'__doc__': 'ABCDE'等。对于实例,取得的是实例属性。本例的实例 a 没有创建任何实例属性,仅取得一个空字典。

4)__slots__用于对实例属性进行限制,列出可以使用的属性,以防随心所欲地定义不相干的属性。注意:只列出属性,不创建它们,需要用时再创建。

代码 4-9 内置特别属性__slots__的应用示例。

```
>>> class PhoneBook:
        __slots__ = 'name', 'telNumber' #在类中规定了对所定义属性的限制
        def __init__ (self,name):
             self.name = name

>>> f1 = PhoneBook('chener')
>>> f1.telNumber= 12345678921
>>> dir(f1)
['__class__', '__delattr__', '__doc__', '__format__', '__getattribute__', '__hash__',
'__init__', '__module__', '__new__', '__reduce__', '__reduce_ex__', '__repr__',
'__setattr__', '__sizeof__', '__slots__', '__str__', '__subclasshook__', 'name',
'telNumber']
>>> f1.age = 'f'

Traceback (most recent call last):
  File "<pyshell#18>", line 1, in <module>
    f1.age = 25
AttributeError: 'PhoneBook' object has no attribute 'age'
```

4.2.2 获取类与对象特征的内置函数

为了便于用户确认对象(含模块、类和实例)的特征,Python 提供了几个内置函数。

1. isinstance()

isinstance()函数用于判断一个对象是否为一个类的实例：若是，则返回 True；否则返回 False。语法如下：

```
isinstance (对象名, 类名)
```

代码 4-10   isinstance()功能演示。

```
>>> class A:pass

>>> class B:pass

>>> a = A()
>>> isinstance(a,A)
True
>>> isinstance(a,B)
False
```

2. dir()与 vars()

用 dir()可以获取一个模块、一个类、一个实例的所有名字的列表。用 vars()可以获取一个模块、一个类、一个实例的属性及其值的映射——字典。

代码 4-11   dir()与 vars()功能演示。

```
>>> #用类作为 dir()与 vars()的参数
>>> class A():
    '''这是一个简单的类'''
    x = 1
    y = 2

>>> dir(A)                     #返回类的所有名字列表
['__class__', '__delattr__', '__dict__', '__dir__', '__doc__', '__eq__', '__format__',
'__ge__', '__getattribute__', '__gt__', '__hash__', '__init__', '__init_subclass__', '_
_le__','__lt__','__module__','__ne__','__new__', '__reduce__', '__reduce_ex__', '_
_repr__', '__setattr__', '__sizeof__', '__str__', '__subclasshook__', '__weakref__', 'x',
'y']
>>> vars(A)                    #返回类对象的实例属性字典
mappingproxy({'__module__':'__main__', '__doc__':'这是一个简单的类', 'x': 1, 'y':
2, '__dict__': <attribute '__dict__' of 'A' objects>, '__weakref__': <attribute '__
weakref__' of 'A' objects>})
>>>
>>> #用实例对象作为 dir()与 vars()的参数
>>> a = A()
>>> dir(a)                     #返回实例对象的全部名字列表
['__class__', '__delattr__', '__dict__', '__dir__', '__doc__', '__eq__', '__format__',
'__ge__', '__getattribute__', '__gt__', '__hash__', '__init__', '__init_subclass__', '_
_le__', '__lt__', '__module__', '__ne__', '__new__', '__reduce__', '__reduce_ex__', '_
_repr__', '__setattr__', '__sizeof__', '__str__', '__subclasshook__', '__weakref__', 'x',
'y']
>>> vars(a)                    #返回实例对象的实例属性字典
{}
>>>
```

```
    >>> #用参数为空的 dir() 与 vars()
    >>> dir()                          #返回当前模块中的全部名字列表
    ['A', '__annotations__', '__builtins__', '__doc__', '__loader__', '__name__',
'__package__', '__spec__', 'a']
    >>> vars()                         #返回当前模块中的实例属性字典
    {'__name__': '__main__', '__doc__': None, '__package__': None, '__loader__':
<class '_frozen_importlib.BuiltinImporter'>, '__spec__': None, '__annotations__': {},
'__builtins__': <module 'builtins' (built-in)>, 'A': <class '__main__.A'>, 'a': <__
main__.A object at 0x0000026367FE3518>}
    >>>
    >>> #用指定模块作为 dir() 与 vars() 的参数
    >>> import math                    #导入模块 math
    >>> dir(math)                      #返回 math 模块中的全部属性列表
    ['__doc__', '__loader__', '__name__', '__package__', '__spec__', 'acos',
'acosh', 'asin', 'asinh', 'atan', 'atan2', 'atanh', 'ceil', 'copysign', 'cos', 'cosh',
'degrees', 'e', 'erf', 'erfc', 'exp', 'expm1', 'fabs', 'factorial', 'floor', 'fmod',
'frexp', 'fsum', 'gamma', 'gcd', 'hypot', 'inf', 'isclose', 'isfinite', 'isinf',
'isnan', 'ldexp', 'lgamma', 'log', 'log10', 'log1p', 'log2', 'modf', 'nan', 'pi', 'pow',
'radians', 'sin', 'sinh', 'sqrt', 'tan', 'tanh', 'tau', 'trunc']
    >>> vars(math)                     #返回 math 模块中的实例属性字典
    {'__name__': 'math', '__doc__': 'This module is always available. It provides
access to the\nmathematical functions defined by the C standard.', '__package__': '',
'__loader__': <class '_frozen_importlib.BuiltinImporter'>, '__spec__': ModuleSpec
(name='math', loader=<class '_frozen_importlib.BuiltinImporter'>, origin='built-in'),
'acos': <built-in function acos>, 'acosh': <built-in function acosh>, 'asin': <built-in
function asin>, 'asinh': <built-in function asinh>, 'atan': <built-in function atan>,
'atan2': <built-in function atan2>, 'atanh': <built-in function atanh>, 'ceil':
<built-in function ceil>, 'copysign': <built-in function copysign>, 'cos': <built-in
function cos>, 'cosh': <built-in function cosh>, 'degrees': <built-in function degrees>,
'erf': <built-in function erf>, 'erfc': <built-in function erfc>, 'exp': <built-in
function exp>, 'expm1': <built-in function expm1>, 'fabs': <built-in function fabs>,
'factorial': <built-in function factorial>, 'floor': <built-in function floor>, 'fmod':
<built-in function fmod>, 'frexp': <built-in function frexp>, 'fsum': <built-in
function fsum>, 'gamma': <built-in function gamma>, 'gcd': <built-in function gcd>,
'hypot': <built-in function hypot>, 'isclose': <built-in function isclose>, 'isfinite':
<built-in function isfinite>, 'isinf': <built-in function isinf>, 'isnan': <built-in
function isnan>, 'ldexp': <built-in function ldexp>, 'lgamma': <built-in function
lgamma>, 'log': <built-in function log>, 'log1p': <built-in function log1p>, 'log10':
<built-in function log10>, 'log2': <built-in function log2>, 'modf': <built-in function
modf>, 'pow': <built-in function pow>, 'radians': <built-in function radians>, 'sin':
<built-in function sin>, 'sinh': <built-in function sinh>, 'sqrt': <built-in function
sqrt>, 'tan': <built-in function tan>, 'tanh': <built-in function tanh>, 'trunc':
<built-in function trunc>, 'pi': 3.141592653589793, 'e': 2.718281828459045, 'tau':
6.283185307179586, 'inf': inf, 'nan': nan}
```

说明：

1）dir()和 vars()用于进行下列测试：

❑ 已导入模块（不能测试未导入模块）。

❑ 一个类。

❑ 一个实例。

❑ 当前程序。

2）dir()返回测试对象中的全部名字列表。vars()返回测试对象中的全部实例属性字典。

3. hasattr()、getattr()、setattr()和 delattr()

这四个函数都针对类或实例的属性，分别为判断是否有、返回、设置和删除属性。四个类与对象属性操作函数的用法见表 4.4。

表 4.4　四个类与对象属性操作函数的用法

函数名	功　能	参　数	返　回
hasattr()	是否有此属性	(对象名, 属性名)	有，True；无，False
getattr()	返回属性	(对象名, 属性名[, 默认值])	有默认值，返回默认值，否则引发 AttributeError；默认值错，引发 IndentationError: unexpected indent 异常
setattr()	设置动态属性	(对象名, 属性名, 值)	无返回值。无值，设置值；有值，替换值
delattr()	删除动态属性	(对象名, 属性名)	无返回值

代码 4-12　hasattr()、getattr()、setattr()和 delattr()功能演示。

```
>>> class A:
    x = 3

>>> a = A()
>>> hasattr(a,x)
Traceback (most recent call last):
  File "<pyshell#18>", line 1, in <module>
    hasattr(a,x)
NameError: name 'x' is not defined
>>> hasattr(A,'x')                      #测试 A 中是否有属性 x,属性名用撇号引起来
True
>>> hasattr(a,'x')                      #测试 a 中是否有属性 x,
True
>>> getattr(a,'x')                      #获取属性 x 的值
3
>>> hasattr(a,'y')                      #测试 a 中是否有属性 y
False
>>> setattr(a,'y',5)                    #为对象 a 创建一个动态属性 y
>>> getattr(a,'y')                      #获取动态属性 y 的值
5
>>> delattr(a,'x')                      #企图删除静态属性 x
Traceback (most recent call last):
  File "<pyshell#14>", line 1, in <module>
    delattr(a,'x')
AttributeError: x
>>> delattr(a,'y')                      #删除动态属性 y
>>> hasattr(a,'y')                      #检测动态属性是否被删除
False
>>>
```

注意：

1）属性名必须用撇号引起来。

2）增删属性仅对动态属性而言。

4.2.3　操作符重载

1. 多态性与操作符重载的提出

多态指的是一类事物有多种形态，例如 H_2O 可以有气态、液态和固态。在程序设计中，多态性指一个名字承载了不同的用途、能力或身份。操作符重载就是让一个操作符承载不同的能力。

操作符重载是随着面向对象程序设计的出现而提出的概念。为了说明其必要性，请看下面的例子。

代码 4-13　实例对象直接使用操作符情况演示。

```
>>> class A():
    def __init__(self,value):
        self.value = value

>>> a1,a2 = A(3),A(5)
>>> a1 + a2

Traceback (most recent call last):
  File "<pyshell#7>", line 1, in <module>
    a1 + a2
TypeError: unsupported operand type(s) for +: 'instance' and 'instance'
```

在这个例子中，变量 a1 和 a2 的值都是整数，可是却不能使用操作符"+"对它们进行加运算，因为它们不是 int 类型，而是 A 类型。当然，这种情况下使用加号非常方便。将加号重载，就可以解决这个问题。所谓操作符重载，就是让这些操作符不只承载原来定义的类型，也能承载其他类型。

2. Python 操作符重载示例

代码 4-14　时间对象相加。

```
>>> class Time():
    def __init__(self,hours,minutes,seconds):
        self.hours = hours
        self.minutes = minutes
        self.seconds = seconds
    def __add__(self,other):
        self.seconds += other.seconds
        if self.seconds >= 60:
            self.minutes += self.seconds // 60
            self.seconds = self.seconds % 60
        self.minutes += other.minutes
        if self.minutes >= 60:
            self.hours += self.minutes // 60
            self.minutes = self.minutes % 60
        self.hours += other.hours
```

```
        return self
    def output(self):
        print('{0}:{1}:{2}'.format(self.hours,self.minutes,self.seconds))

>>> t1,t2,t3 = Time(3,50,40),Time(2,40,30),Time(1,10,20)
>>> (t1 + t2).output()
6:31:10
>>> (t2 + t3).output()
3:50:50
```

说明： 时间对象由时、分、秒组成，其相加涉及分、秒六十进位。重载加操作符 "+" 后，不仅解决了 Time 实例对象的相加问题，而且解决了它们相加过程的六十进位问题。

3. 操作符重载注意事项

对于 Python 操作符重载，应注意以下事项。

1）操作符重载就是在该操作符原来预定义的操作类型上增添新的载荷类型。所以，只能对 Python 内置的操作符重载，不可以生造一个内置操作符之外的操作符，例如，给 "##" 以运算机能是不可以的。

2）Python 操作符重载通过重新定义与操作符对应的内置特别方法进行。这样，当为一个类重新定义了内置特别方法后，使用该操作符对该类的实例进行操作时，该类中重新定义的内置特别方法就会拦截常规的 Python 特别方法，解释为对应的内置特别方法。因此，要重载一个操作符，必须找到对应的内置特别方法，不可自己生造一个方法。

3）操作符重载不可改变操作符的语义习惯，只可以赋予其与预定义相近的语义，尽量使重载的操作符语义自然、可理解性好，不造成语义上的混乱。例如，不可赋予+符号进行减操作的功能，赋予*符号进行加操作的功能等，这样会引起混乱。

4）操作符重载不可改变操作符的语法习惯，勿使其与预定义语法差异太大，避免造成理解上的困难。保持语法习惯包括如下情况：

❑ 要保持预定义的优先级别和结合性，例如，不可定义+的优先级高于*。
❑ 操作数个数不可改变。例如，不能用+对三个操作数进行操作。

4. Python 对操作符重载的支持

如表 4.5 所示，为了支持操作符重载，Python 为类和对象内置了与内置操作符成对应的一些特别方法。它们的方法名前后各有一对下画线，并要求 self 为第一个参数。

表 4.5 Python 用于操作符定制的常用内置特别方法

特别方法名	参　　数	对应的操作符	说　　　　明
__gt__	(self, other)	>	判断 self 对象是否大于 other 对象
__lt__	(self, other)	<	判断 self 对象是否小于 other 对象
__ge__	(self, other)	>=	判断 self 对象是否大于或等于 other 对象
__le__	(self, other)	<=	判断 self 对象是否小于或等于 other 对象
__eq__	(self, other)	==	判断 self 对象是否等于 other 对象

（续）

特别方法名	参　　数	对应的操作符	说　　明
__add__	(self, other)	+	自定义+号的功能
__radd__	(self, other)	+	右侧加法运算，other + X
__iadd__	(self, Y)	+=	原地增强赋值运算，X += Y
__call__	(self, *args)	( )	把实例对象当作函数调用，重载了函数运算符
__getitem__	(self, ⋯)	[]	索引，X[key]

代码 4-15　索引操作符"[]"重载示例。

```
>>> class indexer:
    def __getitem__(self, index):
        return index ** 2

>>> x = indexer();x[3]
9
```

代码 4-16　调用操作符"()"重载示例。

```
>>> class F:
    def __init__(self, value):
        self.value = value
    def __call__(self, other):
        return self.value * other

>>> f = F(3)                #调用__init__,设置 value 为 3
>>> f(5)                    #调用__call__,设置 other 为 5
15
>>> F(2)(6)
12
```

说明：对象被当作函数使用时会调用对象的 __call__ 方法，或者说对象名后加了()，就会触发 __call__。所以，__call__ 相当于重载了圆括号运算符。相对于 __init__ 是由表达式"对象=类名()"所触发，__call__ 则由表达式"对象()"或者"类()"触发。

4.2.4　Python 内置类属性配置与管理方法

Python 除了提供一些操作符重载内置方法外，还提供一些用于定制属性配置与管理的实例方法。表 4.6 列出了用于内置类属性配置与管理的 Python 特别方法。显然，前面已经熟悉的 __init__ 就在其中。

表 4.6　用于内置类属性配置与管理的 Python 特别方法

成员名	参　　数	说　　明
__init__	(self, ⋯)	初始化方法，通过类创建对象时，自动触发执行
__del__	(self)	析构方法，当对象在内存中被释放时，自动触发执行
__new__	(self, *args, **key)	通常用于构建元类或继承自不可变类型的对象时，返回对象

（续）

成员名	参　数	说　明
__str__	(self)	返回对象的字符串形式，对应 str(x)
__print__	(self)	打印转换，print(x)
__repr__	(self)	返回数据的字符串形式，对应 repr(x)
__getitem__	(self, key)	获取索引 key 对应的值，如对于字典
__setitem__	(self, key, val)	为字典等设置 key 值
__delitem__	(self, key)	删除字典等索引 key 对应的元素
__delattr__	(self, attr)	删除一属性
__len__	(self)	获取类似 list 的类中的元素个数
__cmp__	(src, dst)	比较两个对象 src 和 dst
__coerce__	(self, num)	压缩成同样的数值类型，对应内置 coerce()
__iter__, __next__	(self, …)	建立迭代环境，进行迭代操作。方法中必须有 yield 值
__getattribute__	(self, attr)	拦截属性点号（.），返回 attr 的值
__getattr__	(self, attr)	当用属性点号（.）访问对象没有的属性时，被自动调用
__setattr__	(self, attr, val)	当试图给属性 attr 赋值时会被自动调用
__delattr__	(self, attr)	当试图删除属性 attr 时被自动调用
__setslice__	(self, i, j, sequence)	对于列表等的分片操作
__getslice__	(self, i, j)	
__delslice__	(self, i, j)	

1. __init__、__new__ 与 __del__

（1）__init__ 与 __new__

1）从功能上看，__new__ 与 __init__ 这两个方法都用于创建实例，但 __init__ 的作用是进行实例变量的初始化，在创建实例时都要被自动调用；而 __new__ 负责实例化时开辟内存空间并返回对象，通常用于不可变内置类的派生，所以它要先于 __init__ 执行。

2）从返回值看，__new__ 必须要有返回值，返回实例化出来的实例；__init__ 在 __new__ 的基础上可以完成一些其他初始化的动作，不需要返回值。

3）从参数上看，__new__ 至少要有一个参数 cls，代表当前类，此参数在实例化时由 Python 解释器自动识别；__init__ 有一个参数 self，就是 __new__ 返回的实例。

代码 4-17　当调用 A(args) 创建实例 x 时，__new__ 与 __init__ 的关系。

```
class A:                    #定义类 A
    pass

x = A.__new__(A, args)     #使用__new__()创建类 A 的实例 x
```

```
if isinstance(x, A):        #使用__init__()初始化类 A 的实例 x
    x.__init__(args)
```

说明：函数 isinstance()用于判断一个实例 x 是否为类 A 的实例。显然，只有创建了实例对象之后，才调用__init__进行初始化。如果__new__不返回对象，则__init__不会被调用。

（2）__del__

__del__称为析构方法，当对象在内存中被释放时自动触发执行。应当注意：

1）与__init__一样，__del__的第一个参数一定是 self，代表当前实例。

2）__del__方法只有在释放锁定或关闭连接时，存在某种关键资源管理问题的情况下才会显式定义。

2. __str__、__print__与__repr__

（1）__str__

__str__的作用是能让字符串转换函数 str()可以对任何对象进行转换。例如，在代码 4-14 中，直接用 print()输出一个 Time 的实例，将会触发 SyntaxError（invalid character in identifier）错误。为此，不得不定义一个 output()实例方法。为了直接使用 print()，必须对 Time 类实例进行字符串转换。可是，下面的形式也无法输出 Time 对象的值。

```
>>> print(str(t1))
<__main__.Time object at 0x000002051529EFD0>
```

在这种情况下必须借助__str__。

代码 4-18　__str__定制示例。

```
>>> class Time():
    def __init__(self,hours,minutes,seconds):
        self.hours = hours
        self.minutes = minutes
        self.seconds = seconds
    def __add__(self,other):
        self.seconds += other.seconds
        if self.seconds >= 60:
            self.minutes += self.seconds // 60
            self.seconds = self.seconds % 60
        self.minutes += other.minutes
        if self.minutes >= 60:
            self.hours += self.minutes // 60
            self.minutes = self.minutes % 60
        self.hours += other.hours
        return self
    def __str__(self):              #定制__str__
        return (str(self.hours)+':'+str(self.minutes)+':'+str(self.seconds))

>>> t1,t2,t3 = Time(3,50,40),Time(2,40,30),Time(1,10,20)
>>> print(str(t1+t2))
6:31:10
```

在此基础上再对__print__进行定制就更加方便了。添加的代码如下：

```
def __print__(self):
    return str(self)
```

测试结果如下：

```
>>> print (t1)
3:50:40
>>> print(t1 + t2)
6:31:10
```

（2）__repr__ 和 __str__

__repr__ 和 __str__ 这两个方法都是用于显示的。__repr__ 对应的函数是 repr()，__str__ 对应的函数是 str()。但是，repr()返回的是一个对象的字符串表示，并在绝大多数（不是全部）情况下可以通过求值运算（使用内建函数 eval()）重新得到该对象。而 str()致力于生成一个对象的可读性好的字符串表示，很适合用于 print 语句输出，但通常无法用于 eval()求值。也就是说，repr()输出对 Python 比较友好，而 str()的输出对用户比较友好。

由于 repr()与 str()各有特色，所以有的程序员在设计类时会对 __repr__ 和 __str__ 都进行定制，提供两种显示环境。这时，对于 print()操作，会首先尝试 __str__ 和 str 内置函数，以给用户友好的显示；而在其他应用中，如用于交互模式下提示回应，则使用 __repr__ 和 repr()。

关于 __repr__ 就不再举例说明了。不过，需要注意的是，__str__ 和 __repr__ 都必须返回字符串，否则会出错。

3. __len__

__len__ 在调用 len(instance)时被调用。len()是一个内置函数，可以返回一个对象的长度，可用于任何有长度的对象来返回其长度。例如，字符串的长度是它的字符个数；字典的长度是它关键字的个数；列表或序列的长度是元素的个数。对于类实例，要让 len()函数工作正常，类必须提供一个特别方法 __len__，它返回元素的个数。这样，当调用 len(instance)时，Python 就会调用类中的 __len__ 方法。

代码 4-19　计算一个自然数区间中的素数个数。

```
>>> class Primes():
    primeList = []
    def __init__(self,nn1,nn2):
        self.nn1 = nn1
        self.nn2 = nn2

    def getPrimes(self):
        import math
        if self.nn1 > self.nn2:
            self.nn1,self.nn2 = self.nn2,self.nn1
        if self.nn1 <= 2:
            self.nn1 = 3
            self.primeList.append(2)
        for n in range(self.nn1,self.nn2):
            m = math.ceil(math.sqrt(n) + 1)
            for i in range(2,m):
                if n % i == 0 and i < n:
```

```
                    break
            else:
                self.primeList.append(n)
    def __str__(self):
        return str(self.primeList)
    def __len__(self):                #定制__len__
        return (len(self.primeList))


>>> p1 = Primes(3,100)
>>> p1.getPrimes()
>>> print(p1)
[3,5,7,11,13,17,19,23,29,31,37,41,43,47,53,59,61,67,71,73,79,83,89, 97]
>>> len(p1)
24
```

4. __getitem__、__setitem__和__delitem__

若在类中定制或继承了这些方法，则遇到实例的索引操作，即实例 x 遇到 x[i]这样的表达式时，就会自动调用__getitem__、__setitem__和__delitem__。

代码 4-20　__getitem__、__setitem__和__delitem__应用示例。

```
>>> class Foo:
    def __init__(self,name):
        self.name = name
    def __getitem__(self, item):
        return self.__dict__[item]
    def __setitem__(self, key, value):
        self.__dict__[key] = value
    def __delitem__(self, key):
        del self.__dict__[key]


>>> f1 = Foo('Zhang')       #实例化
>>> print(f1['name']) #以字典索引的方式打印,会找到__getitem__方法, 'name'传递给第二个参数
Zhang
>>> f1['age']=18            #赋值操作,直接传递给__setitem__方法
>>> print(f1.__dict__)
{'name': 'Zhang', 'age': 18}
>>> del f1['age']
>>> print(f1.__dict__)
{'name': 'Zhang'}
```

5. 对象迭代方法

下面介绍几种实现对象迭代的特别方法。

（1）__iter__与__next__的定制

如前所述，迭代环境是通过调用内置函数 iter()创建的。对于用户自定义类的实例来说，iter()总是通过尝试寻找定制（重构）的__iter__方法来实现，这种定制的__iter__方法应该返回一个迭代器对象。如果已经定制，Python 就会重复调用这个迭代器对象的__next__方法，直到发生 StopIteration 异常；如果没有找到这类__iter__方法，Python会改用__getitem__机制，直到引发 IndexError 异常。

代码 4-21　__iter__ 与 __next__ 定制示例。

```
>>> class Range:
    def __init__(self,start,end,long): #构造函数,定义三个元素: start、end、long
        self.start = start
        self.end = end
        self.long = long
    def __iter__(self):                 #__iter__:生成迭代器对象 self
        return self                     #返回这个迭代器本身
    def __next__(self):                 #__next__:一个一个返回迭代器内的值
        if self.start>=self.end:
            raise StopIteration
        n = self.start
        self.start+=self.long
        return n

>>> r = Range(3,10,2)
>>> next(r)
3
>>> next(r)
5
>>> next(r)
7
>>> next(r)
9
>>> next(r)
Traceback (most recent call last):
  File "<pyshell#7>", line 1, in <module>
    next(r)
  File "<pyshell#1>", line 10, in __next__
    raise StopIteration
StopIteration
>>> r = Range(3,20,3)
>>> for i in(r):
        print(i,end = '\t')

3    6    9    12   15   18
```

（2）__contains__、__iter__ 和 __getitem__

前面介绍了实现对象迭代时解释为 __iter__ 方法的定制。实际上，在迭代领域还有两种可定制的特别实例方法：__contains__ 和 __getitem__。__contains__ 方法把成员关系定义为对一个映射应用键，以及用于序列的搜索。__getitem__ 已经在前面进行了介绍。当一个类中定制有三种对应迭代的特别实例方法时，__contains__ 方法优先于 __iter__ 方法，而 __iter__ 方法优先于 __getitem__ 方法。

代码 4-22　在一个定制有 __contains__、__iter__ 和 __getitem__ 三种特别方法的类中编写三个方法和测试成员关系以及应用于一个实例的各种迭代环境。调用时，其方法会打印出跟踪消息。

```
>>> class Iters:
    def __init__(self,value):
        self.data = value
    def __getitem__(self,i):
        print('get[%s]:'%i,end = '///')
        return self.data[i]
```

```
    def __iter__(self):
        print('iter=> ',end='###')
        self.ix = 0
        return self
    def __next__(self):
        print('next:',end='...')
        if self.ix == len(self.data):
            raise StopIteration
        item = self.data[self.ix]
        self.ix += 1
        return item
    def __contains__(self,x):
        print('contains:',end='>>>')
        return x in self.data

>>> if __name__ == '__main__':
    X = Iters([1,2,3,4,5])
    print(3 in X)
    for i in X:
        print(i,end='')
    print()
    print([i**2 for i in X])
    print(list(map(bin,X)))

    i = iter(X)
    while 1:
        try:
            print(next(i),end = '>>>')
        except StopIteration:
            break
```

```
contains:True
iter=> next:1next:2next:3next:4next:5next:
iter=> next:next:next:next:next:next:[1, 4, 9, 16, 25]
iter=> next:next:next:next:next:next:['0b1', '0b10', '0b11', '0b100', '0b101']
iter=> next:1>>>next:2>>>next:3>>>next:4>>>next:5>>>next:
```

显然，这里优先启动了__contains__。如果注释掉__contains__，则得到如下测试结果：

```
iter=> ###next:...next:...next:...True
iter=> ###next:...1next:...2next:...3next:...4next:...5next:...
iter=> ###next:...next:...next:...next:...next:...next:...[1, 4, 9, 16, 25]
iter=>   ###next:...next:...next:...next:...next:...next:...['0b1',    '0b10',
'0b11', '0b100', '0b101']
iter=> ###next:...1@next:...2@next:...3@next:...4@next:...5@next:...
```

显然，这里优先启动了__iter__。

6. __getattr__和__setattr__

__getattr__方法企图用属性点号（.）访问一个未定义（即不存在）的属性名时被自动调用。与此相关，方法__setattr__会拦截所有属性的赋值语句。如果定制了这个方法，self.attr = value 会变成 self.__setattr__('attr', value)。

代码 4-23   __getattr__和__setattr__用法示例。

```
>>> class Rectangle:
    def __init__(self,width = 0.0,height = 0.0):
        self.width = width
        self.height = height
    def __setattr__(self, name, value):          #定制__setattr__
        print ('set attr', name, value)
        if name == 'size':
            self.width, self.height = value
        else:
            self.__dict__[name] = value
    def __getattr__(self, name):                 #定制__getattr__
        #print ('The rectangle size is ', name)
        if name == 'size':
            print ('The rectangle size is: ', self.width, self.height)
        else:
            print ('No such attribute!!')
            raise AttributeError


>>> r = Rectangle(2,3)
set attr width 2
set attr height 3
>>> print (r.size)                               #访问时不存在属性 size
The rectangle size is:  2 3
None
>>> r.size = (5,6)
set attr size (5, 6)
set attr width 5
set attr height 6
>>> print(r.aa)
No such attribute!!
Traceback (most recent call last):
  File "<pyshell#27>", line 1, in <module>
    print(r.aa)
  File "<pyshell#20>", line 17, in __getattr__
    raise AttributeError
AttributeError
>>> r.aa = (7,8)
set attr aa (7, 8)
```

习题 4.2

1. 代码分析题

阅读下面的代码，给出输出结果。

（1）

```
class A:
    def __init__(self,a,b,c):self.x=a+b+c
a= A(3,5,7);b = getattr(a,'x');setattr(a,'x',b+3);print(a.x)
```

（2）

```
class Person:
```

```
        def __init__(self, id):self.id = id

wang =  Person(357); wang.__dict__['age'] = 26
wang.__dict__['major'] = 'computer';print (wang.age + len(wang.__dict__))
```

（3）

```
class A:
    def __init__(self,x,y,z):
        self.w = x + y + z

a = A(3,5,7); b = getattr(a,'w'); setattr(a,'w',b + 1); print(a.w)
```

（4）

```
class Index:
    def __getitem__(self,index):
        return index

x = Index()
for i in range(8):
    print(x[i],end = '*')
```

（5）

```
class Index:
    data = [1,3,5,7,9]
    def __getitem__(self,index):
        print('getitem:',index)
        return self.data[index]

>>> x = Index(); x[0]; x[2]; x[3]; x[-1]
```

（6）

```
class Squares:
    def __init__(self,start,stop):
        self.value = start - 1
        self.stop = stop
    def __iter__(self):
        return self
    def __next__(self):
        if self.value == self.stop:
            raise StopIteration
        self.value += 1
        return self.value ** 2

for i in Squares(1,6):
    print(i,end = '<')
```

（7）

```
class Prod:
    def __init__(self, value):
        self.value = value
```

```
    def __call__(self, other):
        return self.value * other

p = Prod(2); print (p(1)); print (p(2))
```

（8）

```
class Life:
    def __init__(self, name='name'):
        print( 'Hello', name  )
        self.name = name
    def __del__(self):
        print ('Goodby', self.name)

brain = Life('Brain') ;brain = 'loretta'
```

2. 程序设计题

（1）编写一个类，用于实现下列功能。

1）将十进制数转换为二进制数。

2）二进制的四则计算。

3）对于带小数点的数，用科学计数法表示。

（2）编写一个三维向量类，实现下列功能。

1）向量的加、减计算。

2）向量和标量的乘、除计算。

4.3 继承

在面向对象程序设计中，类对象是一类对象的框架，而不同类之间的组织则形成不同问题的求解模式。类的继承（inheritance）是建立类组织的重要方式。

从另一方面来说，在进行软件开发时，如果能有效地利用已有的代码，不仅可以节省成本，还能提高软件的可靠性和与其他软件接口的一致性，这称为代码复用。类的组合（聚合）和继承也是代码复用的两种有效方式。

4.3.1 类的继承

1. 类的继承

类的继承就是一个新类继承了一个或多个已有类的成员，或者从一个或多个已有类派生（derived）出一个新类。这时，将被继承的类称为基类（base class）或者父类（parent class）、超类（super class），将继承的类称为派生类（derived class）或子类（sub class, child class）。子类可以从父类那里继承属性和方法，并且可以对从父类那里继承的属性或方法进行改造，也可以增加新的属性和方法。总之，父类表现出共性和一般性，子类表现出个性和特殊性。

2. 子类的创建与继承关系的测试

Python 同时支持单继承与多继承。继承的基本语法格式如下：

```
class 类名（父类 1，父类 2,…）：
    类的文档串          #关于类的文档描述，可以省略部分
    类体              #类的属性和方法的定义
```

说明：

1）对只有一个父类的继承称为单继承，对存在多个父类的继承称为多继承。

2）子类会继承父类的所有属性和方法。

3）子类的类体中是新增的属性和方法。这些属性和方法可以覆盖父类中同名的变量和方法。

代码 4-24 类的继承与测试示例。

```
>>> class A:                    #定义 A 类
    x = 3
    y = 5
    def disp(self):
        print(self.x,self.y)

>>> dir(A)                      #获取 A 类中的全部名字列表
['__class__','__delattr__','__dict__','__dir__','__doc__','__eq__','__format
__', '__ge__', '__getattribute__', '__gt__', '__hash__', '__init__', '__init_
subclass__', '__le__', '__lt__', '__module__', '__ne__', '__new__', '__reduce__', '__
reduce_ex__','__repr__','__setattr__','__sizeof__','__str__','__subclasshook__',
'__weakref__', 'disp', 'x', 'y']
>>> vars(A)                     #获取 A 类中的全部实例属性字典
mappingproxy({'__module__': '__main__', 'x': 3, 'y': 5, 'disp': <function A.disp
at 0x0000015828463E18>, '__dict__': <attribute '__dict__' of 'A' objects>, '__weakref
__': <attribute '__weakref__' of 'A' objects>, '__doc__': None})
>>>
>>> class B(A):                 #定义 B 类
    x = 7                       #与父类同名
    z = 9

>>> B.__bases__         #获取 B 类中的父类名
(<class '__main__.A'>,)
>>> issubclass(B,A)             #测试 B 是否为 A 的子类
True
>>> dir(B)                      #获取 B 类中的全部名字列表
['__class__','__delattr__','__dict__','__dir__','__doc__','__eq__','__format__',
'__ge__', '__getattribute__', '__gt__', '__hash__', '__init__', '__init_subclass__',
'__le__', '__lt__', '__module__', '__ne__', '__new__', '__reduce__', '__reduce_ex__',
'__repr__', '__setattr__', '__sizeof__', '__str__', '__subclasshook__', '__weakref__',
'disp', 'x', 'y', 'z']
>>> vars(B)                     #获取 B 类中的全部实例属性字典
mappingproxy({'__module__': '__main__', 'x': 7, 'z': 9, '__doc__': None})
>>>
>>> class C:pass                #定义 C 类

>>> class D(B,C):pass           #定义 D 类

>>> D.__bases__         #获取 D 类中的父类名
(<class '__main__.B'>, <class '__main__.C'>)
```

```
>>> issubclass(D,A)          #测试 D 是否为 A 的子类
True
>>> dir(D)                   #获取 D 类中的全部名字列表
['__class__', '__delattr__', '__dict__', '__dir__', '__doc__', '__eq__', '__format__',
'__ge__', '__getattribute__', '__gt__', '__hash__', '__init__', '__init_subclass__',
'__le__', '__lt__', '__module__', '__ne__', '__new__', '__reduce__', '__reduce_ex__',
'__repr__', '__setattr__', '__sizeof__', '__str__', '__subclasshook__', '__weakref__',
'disp', 'x', 'y', 'z']
>>> vars(D)                  #获取 D 类中的全部实例属性字典
mappingproxy({'__module__': '__main__', '__doc__': None})
```

说明：

1）issubclass()用于判断一个类是否为另一个类的子类。其语法格式如下：

```
issubclass (类名, 父类名)
```

注意：issubclass()会把自身也作为自身的子类，也会把多级派生类作为子类。

2）__bases__用于获取一个类的父类组成的元组。

3）在这里还会看到 dir()与 vars()的差别：如果把派生类也看成是父类的实例，则 vars()针对的是实例的实例属性，而 dir()针对的是全部名字。

4）派生类中的成员会覆盖父类中的同名成员。

3. 继承与代码复用

程序设计是一项强度极大的智力劳动。在这种程序员个人的有限智力与客观问题的无限复杂性之间的博弈中，人们悟出了三个基本原则：抽象、封装和复用。面向对象程序设计就是这三个基本原则成功应用的结晶：它把问题域中的客观事物抽象为相互联系的对象，并把对象抽象为类；它把属性和方法封装在一起，使得内外有别，维护了对象的独立性和安全性；通过继承和组合，实现了代码复用，并进而实现了结构和设计思想的复用。这也是面向对象程序设计发展的优势。

继承是一种代码复用机制，它可以使子类继承父类甚至祖类的代码，有效地提高了程序设计的效率和可靠性。对于一个开发成功的类，只要将其所在模块导入，并把它作为基类，无需对其进行修改，就可以通过派生的方法进行功能扩张，从而实现开闭原则（open-closed principle），即对扩展开放（open for extension），对修改关闭（closed for modification）。对于内置的类来说，连导入都可以省略，直接用其作为基类就可以了。这样的例子很多，后面会专门讲到，Python 默认所有的类都是 object 的直接或间接子类，就是因为在 object 中已经定义了所有类都要用得到的方法和属性，为写类的定义减轻了许多负担。

4.3.2 Python 新式类与 object 类

1. 新式类和旧式类

以"一个接口（界面）多种实现"为特点的多态性是现代程序设计的一个目标，它能使程序具有更大的灵活性。为实现这一目标，Python 2.2 引进了"新式类（new style class）"的概念，目的是将类（class）和类型（type）统一起来。在此之前，类和类型是不同的。例如，a 是类 A 的一个实例，那么 a.__class__ 返回的是 class __main__.

ClassA，而 type(a)返回的总是<type 'instance'>。引入新式类后，把之前的类称为旧式类（或经典类），并且从兼容性考虑，两种类并存了一段时间，直到进入 Python 3.0 之后。例如，B 是一个新类，b 是 B 的实例，则 b.__class__ 和 type(b)返回的都是 class '__main__.ClassB'，这样就从原来的两个界面统一为一个界面了。

引入新式类还带来其他一些好处，如将会引入更多的内置属性、描述符，以及属性可以计算等。特别需要说明的是，新式类引入了内置方法 mro()，可以在多继承的情况下用来获取子类对父类的继承顺序。这种继承顺序与经典类不同，在类多重继承的情况下，经典类是采用从左到右深度优先原则进行匹配的；而新式类是采用 C3 算法（不同于广度优先）进行匹配的。这个算法生成的访问序列被存储在一个称为 MRO（Method Resolution Order）的只读列表中，使用 mro()函数可以获取这个列表。

代码 4-25　mro()函数应用示例。

```
>>> class A:pass

>>> class B(A):pass

>>> class C(A):pass

>>> class D(A):pass

>>> class E(B,C,D):pass

>>> E.mro()
[<class '__main__.E'>, <class '__main__.B'>, <class '__main__.C'>, <class '__main__.D'>, <class '__main__.A'>, <class 'object'>]
```

这个代码中的五个类形成的继承关系可以用图 4.1 所示的 UML 类图形象地表示出来。在这个图中，矩形框是类的简化画法，中空的三角箭头用于指向继承的类，虚线就是子类属性从超类中继承的顺序。这个顺序就是 C3 算法给出的顺序，也是 mro()检测到的顺序。

从图 4.1 中还可以看出，在 Python 中，所有的类都继承生自 object。这也是新式类与经典类的一个显著区别。在 Python 3.0 之前，要求显式写出，例如：

```
class A(object):pass
```

2. object 类

进入 Python 3.0 之后，Python 就隐式地将 object 作为所有类的基类了，也就不再区分新式

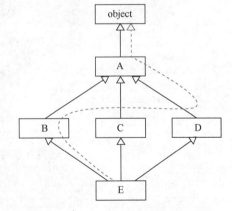

图 4.1　代码 4-25 中的类层次关系

类和经典类了。为了说明 object 的作用，首先观察一下 object 类的内容。

代码 4-26　object 类的内容。

```
>>> dir(object)
```

```
  ['__class__', '__delattr__', '__dir__', '__doc__', '__eq__', '__format__', '__ge__',
'__getattribute__', '__gt__', '__hash__', '__init__', '__init_subclass__', '__le__',
'__lt__', '__ne__', '__new__', '__reduce__', '__reduce_ex__', '__repr__', '__setattr__',
'__sizeof__', '__str__', '__subclasshook__']
  >>> class A:pass

  >>> dir (A)
  ['__class__', '__delattr__', '__dict__', '__dir__', '__doc__', '__eq__', '__
format__', '__ge__', '__getattribute__', '__gt__', '__hash__', '__init__', '__init_
subclass__', '__le__', '__lt__', '__module__', '__ne__', '__new__', '__reduce__',
'__reduce_ex__', '__repr__', '__setattr__', '__sizeof__', '__str__', '__subclasshook__',
'__weakref__']
```

显然，每一个类都继承了 object 类的成员。

4.3.3　子类访问父类成员的规则

在 Python 中，每个类都可以拥有一个或者多个父类，并从父类那里继承属性和方法。如果一个方法在子类的实例中被调用，或者一个属性在子类的实例中被访问，但是该方法或属性在子类中并不存在，那么就会自动地去其父类中查找。但如果这个方法或属性在子类中被重新定义，就只能访问子类的这个方法或属性。

代码 4-27　在子类中访问父类成员。

```
  >>> class A:
      x = 5
      def output(cls):
          return ("AAAAA")

  >>> class B(A):                  #类 B 为类 A 的子类,没有与类 A 的同名成员
      pass

  >>> b = B()
  >>> b.x                          #类 B 的实例访问类 A 的属性
  5
  >>> b.output()                   #类 B 的实例调用类 A 的方法
  'AAAAA'
  >>> class C(A):                  #类 C 为类 A 的子类,有与类 A 同名的成员
      x = 1
      def output(cls):
          return ('CCCCC')

  >>> c = C()
  >>> c.x                          #类 C 的实例访问与类 A 中同名的属性
  1
  >>> c.output()                   #类 C 的实例调用与类 A 中同名的方法
  'CCCCC'
```

显然，子类实例在访问或调用时，其成员屏蔽了父类中的同名成员。

4.3.4　子类实例的初始化与 super

1. 子类创建实例时的初始化问题

按照 4.3.3 节得出的规则，并且由于所有类中的初始化方法__init__都是同名的，

所以，在子类创建实例时就会出现如下两种情况。

（1）子类没有重写__init__方法

当子类没有重写__init__方法时，Python 就会自动调用基类的首个__init__方法。

代码 4-28　子类没有重写__init__方法示例。

```
>>> class A:
    def __init__(self,x = 0):
        self.x = x
        print('AAAAAA')

>>> class B:
    def __init__(self,y = 0):
        self.y = y
        print('BBBBBB')

>>> class C:pass

>>> class D(A,B):pass

>>> d1 = D(1)
AAAAAA
>>> d2 = D(1,2)                    #企图初始化继承来的两个实例变量
Traceback (most recent call last):
  File "<pyshell#24>", line 1, in <module>
    d2 = D(1,2)
TypeError: __init__() takes 2 positional arguments but 3 were given
>>> class E(B,A):pass
>>> e = E(3)
BBBBB
>>> class F(C,B,A):pass
>>> f = F(4)
BBBBB
>>> class G(F,A):pass
>>> g = G(5)
BBBBB
```

说明：代码 4-28 中七个类之间的继承路径如图 4.2 中的虚线所示。

（2）在多继承时，子类中没有重写__init__

在多继承时，如果子类中没有重写__init__，则实例化时将按照继承路径去找上层类中首先碰到的有__init__定义的那个类的__init__作为自己的__init__。例如，D 实例化 d1 时，会以 A 的__init__作为自己的__init__；E 实例化 e 时，首先找到的是 B 的__init__，则以这个__init__作为自己的__init__；F 实例化 f 时，首先找 C，但 C 没有定义__init__，接着找到 B 有__init__，遂以此作为自己的__init__；G 实例化 g 时，首先找到 F，没有定义__init__，再找 C 也没有定义__init__，接着找到 B 有__init__，则以

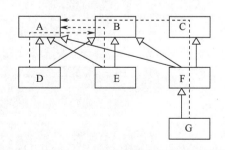

图 4.2　代码 4-28 中七个类之间的继承路径

此__init__作为自己的__init__。

注意，沿着继承路径向上找__init__时，只能使用一个，不可使用两个或多个。若没有满足的__init__，就会触发 TypeError 错误。

2. 在子类初始化方法中显式调用基类初始化方法

当子类中重写__init__方法时，如果不在该__init__方法中显式调用基类的__init__方法，则只能初始化子类实例中的实例变量。因此，要能够在子类实例创建时有效地初始化从基类中继承来的属性，必须在子类的初始化方法中显式地调用基类的初始化方法。具体可以采用两种形式实现：直接用基类名字调用和用 super()函数调用。

例 4.1 创建自定义异常 AgeError，处理职工年龄出现不合法异常。

根据《中华人民共和国劳动法》第十五条：禁止用人单位招用未满 16 周岁的未成年人。《禁止使用童工规定》第二条：国家机关、社会团体、企业事业单位、民办非企业单位或者个体工商户（以下统称用人单位）均不得招用不满 16 周岁的未成年人（招用不满 16 周岁的未成年人，以下统称使用童工）。禁止任何单位或者个人为不满 16 周岁的未成年人介绍就业。禁止不满 16 周岁的未成年人开业从事个体经营活动。所以，一个单位的职工年龄< 16，就是一个非法年龄。

由链 2-3 的二维码可知，Exception 是常规错误的基类。Exception 类包含的内容如代码 4-29 所示。

代码 4-29 Exception 类的内容。

```
>>> vars(Exception)
mappingproxy({'__init__':<slot wrapper '__init__' of 'Exception' objects>, '__new__':
<built-in method __new__ of type object at 0x000000007211CCF0>, '__doc__': 'Common
base class for all non-exit exceptions.'})
```

所以，以其作为基类，就会继承这些内容。

代码 4-30 由 Exception 派生 AgeError 类：在子类初始化方法中，用基类名字调用基类初始化方法。

```
>>> class AgeError(Exception):              #自定义异常类
    def __init__(self,age):
        Exception.__init__(self,age)        #用基类名调用基类初始化方法
        self.age = age
    def __str__(self):
        return (self.age + '非法年龄（< 16）')

>>> class Employee:                         #定义一个应用类
    def __init__(self,name,age):
        self.name = name
        if age < 16:
            raise AgeError(str(age))
        else:
            self.age = age

>>> e1 = Employee('ZZ',16)
>>> e2 = Employee('WW',15)
Traceback (most recent call last):
```

```
 File "<pyshell#19>", line 1, in <module>
   e2 = Employee('WW',15)
 File "<pyshell#15>", line 5, in __init__
   raise AgeError(str(age))
AgeError: 15 非法年龄（< 16）
```

说明：调用一个实例的方法时，该方法的 self 参数会被自动绑定到实例上，这称为绑定方法。但是，直接用类名调用类的方法（如 Exception.__init__）就没有实例与之绑定。这种方式称为调用未绑定的基类方法。这样就可以自由地提供需要的 self 参数。

代码 4-31　由 Exception 派生 AgeError 类：在子类初始化方法中，用 super() 函数调用基类初始化方法。

```
>>> class AgeError(Exception):              #自定义异常类
    def __init__(self,age):
        super(AgeError,self).__init__(age)  #用 super() 函数调用基类初始化方法
        self.age = age
    def __str__(self):
        return (self.age + '非法年龄（< 16)')
>>> #其他代码与代码 4-27 中的代码相同
```

说明：super() 会返回一个 super 对象，这个对象负责进行方法解析，解析过程其会自动查找所有的父类以及父类的父类。

例 4.2　由硬件（Hard）和软件（Soft）派生计算机系统（System）。

代码 4-32　由硬件和软件派生计算机系统：用类名（即类对象）直接调用父类初始化方法。

```
>>> class Hard:
    def __init__(self,cpuName,memCapacity):
        self.cpuName = cpuName
        self.memCapacity = memCapacity
    def dispHardInfo(self):
        print('CPU:'+self.cpuName)
        print('Memory Capacity:'+self.memCapacity)


>>> class Soft:
    def __init__(self,osName):
        self.osName = osName
    def dispSoftInfo(self):
        print('OS:'+self.osName)


>>> class System(Hard,Soft):
    def __init__(self,systemName,cpuName,memCapacity,osName):
        self.systemName = systemName
        Hard.__init__(self,cpuName,memCapacity)        #用类名调用父类方法
        Soft.__init__(self,osName)                     #用类名调用父类方法
    def dispSystemInfo(self):
        print('System name: '+self.systemName)
        Hard.dispHardInfo(self)                        #用类名调用父类方法
        Soft.dispSoftInfo(self)                        #用类名调用父类方法
```

```
>>> def main():
    s = System('Lenovo R700','Intel i5','8G','Linux')
    s.dispSystemInfo()

>>> main()
System name: Lenovo R700
CPU:Intel i5
Memory Capacity:8G
OS:Linux
```

3. 关于 super

下面对 super 做进一步说明。

代码 4-33　关于 super 实质的测试。

```
>>> type(super)
<class 'type'>
>>> dir(super)
['__class__', '__delattr__', '__dir__', '__doc__', '__eq__', '__format__', '__
ge__', '__get__', '__getattribute__', '__gt__', '__hash__', '__init__', '__init_
subclass__', '__le__', '__lt__', '__ne__', '__new__', '__reduce__', '__reduce_ex__',
'__repr__', '__self__', '__self_class__', '__setattr__', '__sizeof__', '__str__',
'__ subclasshook__', '__thisclass__']
```

说明：

1）由上述测试可以看出，super 实际上是一个类名，所使用的语法格式如下：

```
super(类名[,self])
```

super()实际上是 super 类的构造方法，它构建了一个 super 对象。在这个过程中，super 类的初始化方法除了进行参数的传递外，并没有做其他事情。

2）super()返回的对象可用于调用类层次结构中任何被重写的同名方法，而并非只可调用 __init__。

3）super()返回的对象是 MRO 列表中的第二项。在多继承情况下，用它调用一个每个类都重写的同名方法，并且每个类都使用 super()，就会迭代地一直追溯到这个类层次结构的根类，使各个父类的函数被逐一调用，而且保证每个父类函数只调用一次。因为这个迭代的路径是按照一个统一的 MRO 列表进行的。

代码 4-34　super 按照 MRO 列表向上层迭代过程的测试。测试使用的还是代码 4-25，只是增加了一些显示信息的语句。

```
>>> class A:
    def __init__(self):
        print("Enter A",end ='=>')
        print("Leave A",end ='=>')

>>> class B(A):
    def __init__(self):
        print("Enter B",end = '=>')
        super(B, self).__init__()
        print("Leave B",end ='=>')
```

```
>>> class C(A):
    def __init__(self):
        print("Enter C",end = '=>')
        super(C, self).__init__()
        print("Leave C",end ='=>')

>>> class D(A):
    def __init__(self):
        print("Enter D",end = '=>')
        super(D, self).__init__()
        print("Leave D",end ='=>')

>>> class E(B,C,D):
    def __init__(self):
        print("Enter E",end = '=>')
        super(E, self).__init__()
        print("Leave E")

>>> e = E()
Enter E=>Enter B=>Enter C=>Enter D=>Enter A=>Leave A=>Leave D=>Leave C=>Leave
B=>Leave E
>>> E.mro()
[<class '__main__.E'>, <class '__main__.B'>, <class '__main__.C'>, <class '__
main__.D'>, <class '__main__.A'>, <class 'object'>]
```

从测试结果可以看出，它与图 4.2 是一致的。

4）混用 super 类和非绑定的函数是一个危险行为，这可能导致应该调用的父类函数没有被调用或者一个父类函数被调用多次。

习题 4.3

1. 判断题

判断下列描述的对错。

（1）子类是父类的子集。（　　　）

（2）父类中非私密的方法能够被子类覆盖。（　　　）

（3）子类能够覆盖父类的私密方法。（　　　）

（4）子类能够覆盖父类的初始化方法。（　　　）

（5）当创建一个类的实例时，该类的父类初始化方法会被自动调用。（　　　）

（6）所有的对象都是 object 类的实例。（　　　）

（7）如果一个类没有显式地继承某个父类，则就默认它继承自 object 类。（　　　）

2. 代码分析题

阅读下面的代码，给出输出结果。

（1）

```
class Parent(object):
    x = 1
```

```python
class Child1(Parent):
    pass

class Child2(Parent):
    pass

print (Parent.x, Child1.x, Child2.x)
Child1.x = 2
print (Parent.x, Child1.x, Child2.x)
Parent.x = 3
print (Parent.x, Child1.x, Child2.x)
```

（2）

```python
class FooParent(object):
    def __init__(self):
        self.parent = 'I\'m the parent.'
        print ('Parent')

    def bar(self,message):
        print( message,'from Parent')

class FooChild(FooParent):
    def __init__(self):
        super(FooChild,self).__init__()
        print ('Child')

    def bar(self,message):
        super(FooChild, self).bar(message)
        print ('Child bar fuction')
        print (self.parent)

if __name__ == '__main__':
    fooChild = FooChild()
    fooChild.bar('HelloWorld')
```

（3）

```python
>>> class A(object):
    def tell(self):
        print( 'A tell')
        self.say()
    def say(self):
        print('A say' )
        self.__work()

    def __work(self):
        print( 'A work')

>>> class B(A):
    def tell(self):
        print ('\tB tell')
        self.say()
        super(B,self).say()
        A.say(self)
```

```
    def say(self):
        print ('\tB say')
        self.__work()

    def __work(self):
        print ('\tB work')
        self.__run()

    def __run(self): # private
        print ('\tB run')

>>> b = B();b.tell()
```

3. 程序设计题

（1）编写一个类，由 int 类型派生，并且可以把任何对象转换为数字进行四则运算。

（2）编写一个方法，当访问一个不存在的属性时，会提示"该属性不存在"，但不停止程序运行。

（3）为学校人事部门设计一个简单的人事管理程序，满足如下管理要求：

1）学校人员分为三类：教师、学生、职员。

2）三类人员的共同属性是姓名、性别、年龄、部门。

3）教师的特别属性是职称、主讲课程。

4）学生的特别属性是专业、入学日期。

5）职员的特别属性是部门、工资。

6）可以统计学校总人数和各类人员的人数，并随着新人进入注册和离校人员注销而动态变化。

（4）为交管部门设计一个机动车辆管理程序，功能如下：

1）车辆类型（大客车、大货车、小客车、小货车、摩托车）、生产日期、牌照号、办证日期。

2）车主姓名、年龄、性别、住址、身份证号。

（5）编写一个继承自 str 的 Word 类，要求：

1）重写一个比较操作符，用于对两个 Word 类对象进行比较。

2）如果传入带空格的字符串，则取第一个空格前的单词作为参数。

Chapter 5 第 5 章

Python 应用开发

Python 之所以广受青睐，除了它的语法简单、容易学习之外，主要还得益于众多的模块。实际上，Python 的应用开发并不复杂，关键只有两点：一是要熟悉应用领域；二是要能找到合适的模块。

本章通过文件操作、数据库操作、Socket 编程、WWW 以及 Python 大数据等方面的应用开发，抛砖引玉，向读者展示如何进入一个领域的 Python 开发。

链 5-1　Python3 标准模块库目录

5.1　Python 文件

如今，人类社会已经从信息时代进入了数据时代。数据泛滥与数据作为最重要发展资源并存的现实，推动了数据技术的迅猛发展，形成了由数据采集、爬取、存储、检索、传输、加工、分析、变换、挖掘等组成的长技术链和行业链。Python 作为一种功能强大的程序设计语言，已经并将继续提供对这些环节的有力支持。

5.1.1　Python 文件概述

1. 文件对象及其分类

文件（file）是一种建立在外部介质上，可以实现数据持久化的被命名数据容器。下面是从不同角度对于文件的分类：

1）依照存储内容，文件分为程序文件和数据文件。其中，数据文件又可以按照表现形式分为文本文件、图像文件、音频文件、视频文件等。

2）按照操作特点，文件可分为顺序读写文件和随机读写文件。

3）按照编码形式，文件可分为文本文件（text file）和二进制文件（binary file）。文本文件以字符为单位存储，即文本文件是字符串组成的文件，包括纯文本文件（txt

文件）、HTML 文件和 XML 文件等。二进制文件以字节为单位进行存储，即二进制文件是字节串组成的文件。一般不可显示的字符，如音频、图像、视频等数据都以二进制文件存储。

2. Python 文件名与后缀

一个完整的文件名由文件名和文件名后缀组成。文件名由用户自己命名，文件名后缀一般用于表示文件的类型，由系统指定并自动添加。下面是 Python 程序中常用文件名后缀：

.py：Python 程序的文件名后缀。

.txt：文本文件的文件名后缀。

.dat：二进制文件的文件名后缀。

3. 文件对象的一般操作过程

不管是文本文件，还是二进制文件，它们的操作过程都大体上分为三步：创建文件对象（即打开文件）、文件操作和文件关闭。

5.1.2　打开文件与文件属性

1. 打开文件的概念

在 Python 中，每一个文件都是一个 file 对象。打开文件就是创建一个 file 对象，即创建一个由程序到被操作文件之间的通道。此外，系统还会自动创建三个标准 I/O 对象：

❑ stdin（标准输入）。

❑ stdout（标准输出）。

❑ sterr（标准错误输出）。

这三个对象都与终端相连接，可以方便程序对于文件数据的输入与输出。

2.内置函数 open()

在 Python 中，最常用的文件打开方式是使用 Python 的内置函数 open()。它执行后创建一个文件对象和三个标准 I/O 对象，并返回一个文件描述符（句柄）。其语法格式如下：

```
open(filename[, mode[, buffering[, encoding[, errors[, newline[,
    closefd=True]]]]]])
```

下面对上述参数进行说明。

（1）filename：文件名

filename 是要打开的文件名，是 open()函数中唯一不可或缺的参数。通常，上述 filename 包含了文件存储路径在内的完整文件名。只有被打开的文件位于当前工作路径下时，才可以忽略路径部分。为把文件建立在特定位置，可以使用 os 模块中的 os.mkdir()函数。

代码 5-1　创建一个文件夹。

```
>>> import os
>>> os.mkdir(('D:\myPythonTest'))
```

如果在给定路径或当前路径下找不到指定的文件名，将会触发 IOError。

（2）mode：文件打开的模式

文件打开时需要指定打开模式。Python 文件可以采用表 5.1 所示的模式打开。

表 5.1　Python 文件打开模式

文件打开模式		操作说明
文本文件	二进制文件	
r	rb	以只读方式打开，是默认模式，必须保证文件存在
rU 或 Ua		以读方式打开文本文件，同时支持文件含特殊字符（如换行符）
w	wb	以写方式新建一个文件，若已存在，则自动清空
a	ab	以追加模式打开：若文件存在，则从 EOF 开始写；若文件不存在，则创建新文件写
r+	rb+	以读写模式打开
w+	wb+	以读写模式新建一个文件
a+	ab+	以读写模式打开

打开模式主要用于向系统请求下列资源。

1）打开后是进行文本文件操作（以't'表示），还是进行二进制文件操作（以'b'表示），以便系统进行相应的编码配置。

2）打开后是进行读操作（以'r'或缺省表示），还是进行写操作（以'w'表示覆盖式从头写，以'a'表示在文件尾部追加式写），或读写操作（以'+'表示），以便系统为其配备相应的缓冲区、建立相应的标准 I/O 对象，并初始化文件指针位置是在文件头（'r'或缺省、'w'）还是在文件尾（'a'）。

3）用'U'表示以通用换行符模式打开。一般来说，不同平台用来表示行结束的符号是不同的，如\n、\r 或者\r\n。如果只写了一种处理换行符的方法，则无法被其他平台认可，而要为每一个平台都写一个方法，又太麻烦。为此，Python 2.3 创建了一个特殊换行符 newline(\n)。当使用'U'标志打开文件时，所有的行分隔符（或行结束符，无论它原来是什么）通过 Python 的输入方法（如 read()）返回时都会被替换为 newline(\n)，同时还用对象的 newlines 属性记录它曾"看到的"文件的行结束符。

（3）buffering：设置 buffer

0：代表 buffer 关闭（只适用于二进制模式）。

1：代表 line buffer（只适用于文本模式）。

>1：表示初始化的 buffer 大小。

若不提供该参数或者该参数给定负值，则按照如下系统默认缓冲机制进行。

1）二进制文件使用固定大小缓冲区。缓冲区大小由 io.DEFAULT_BUFFER_SIZE 指定，一般为 4096B 或 8192B。

2）对文本文件，若 isatty()返回 True，则使用行缓冲区；其他与二进制文件相同。

（4）errors：报错级别

strict：字符编码出现问题时会报错。

ignore：字符编码出现问题时程序会忽略，继续执行下面的代码。

（5）closefd：传入参数

True：传入的 file 参数为文件的文件名（默认值）。

False：传入的 file 参数只能是文件描述符。

Ps：文件描述符，一个非负整数。

注意：使用 open 打开文件后一定要记得关闭文件对象。

（6）其他

encoding：返回数据的编码（一般为 UTF-8 或 GBK）。

newline：用于区分换行符（只对文本模式有效，可以取的值有 None、'\n'、'\r'、''、'\r\n'）。

5.1.3　文件可靠关闭与上下文管理器

在文件操作时，各种操作的数据都会首先保存在缓冲区中，除非缓冲区满或执行关闭操作，否则不会将缓冲区内容写到外存。文件关闭操作的主要作用是将留在缓冲区的信息最后一次写入外存，切断程序与外存中该文件的通道。如果不执行文件关闭——关闭文件标签，就停止程序运行，则有可能丢失信息。

文件关闭要使用文件对象的方法 close()。但是，这种关闭是不太安全的。例如，当在文件上执行一些操作时可能会触发异常。这时，代码退出了，但却没有关闭文件。因此，文件操作应当使用可靠关闭方式。下面介绍两种可靠的关闭机制。

1. 将文件关闭写在异常处理的 finally 子句中

文件操作中会发生异常，包括文件无法打开以及读写失败，为此需要异常处理。由于异常处理的 finally 子句是必须执行的子句，因此将 close()函数写在 finally 子句中，一定可以可靠关闭。

代码 5-2　将 close()写在 finally 子句的文件可靠关闭示例。

```
try:
        f = open('D:\\mycode\test.txt')
        #文件处理操作
except IOError as e:
        print (e)
        exit()
finally:
        f.close()
```

2. 使用上下文管理器

为了能可靠地关闭打开的文件，包括在异常情况下关闭打开的文件，除了把 close()函数写到 finally 子句中外，Python 还提供了一种更好的办法——上下文管理器（Context Manager）。

在编程中，经常会碰到这种情况：某一个特殊的语句块，在执行这个语句块之前需要先执行一些准备操作，而当该语句块执行完成后，还需要执行一些后续的收尾动作。

文件操作就是这样的语句块：执行文件操作，首先需要获取文件句柄，当执行完相应的操作后，需要执行释放文件句柄的动作。这是一种必须的上下文关系。

对于这种情况，Python 提出了上下文管理器的概念，可以通过上下文管理器来定义或控制代码块执行前的准备动作，以及执行后的收尾动作。

在 Python 中，可以通过 with 语句来方便地使用上下文管理器。其语法格式如下：

```
with context_expr [as var]:
    with_suite
```

其中：

1）context_expr 是支持上下文管理协议的对象，也称上下文管理器对象，负责维护上下文环境。

2）as var 是一个可选部分，通过变量方式保存上下文管理器对象。

3）with_suite 就是需要放在上下文环境中执行的语句块。

在 Python 的内置类型中，很多类型都是支持上下文管理协议的，文件就是其中之一。在支持上下文管理协议的地方使用 with，比异常处理简单多了，并可以增强代码的健壮性。当需要操作一个文件时，使用 with 语句，可以保证系统能够自动关闭打开的流。

代码 5-3 使用 with 示例。

```
>>> with open(r'D:\\mycode\test2.txt', 'w') as f2:
    f2.writelines(['Python\n', 'programming\n'])
    f2.write('good bye\n')

9
>>> f2.closed                    #测试文件对象 f2 是否关闭
True
```

当代码执行完 with 语句后，文件对象 f2 就被自动关闭了。

5.1.4 文件对象内置属性

文件对象一经创建就拥有了自己的属性。表 5.2 为 Python 的主要内置文件属性。

表 5.2 Python 的主要内置文件属性（f 表示文件对象）

文件对象属性	描　　　述
f.closed	文件已经关闭，为 True；否则为 False
f.mode	文件的打开模式
f.name	文件的名称
f.encoding	（文本）文件使用的编码
f.newlines	文件中用到的换行模式：无，返回 None；只一种，返回一字符串；有多种，返回遇到的行分隔符元组
f.softspace	如果空间明确要求具有输出，则返回 False；否则返回 True

其中：

1）f.encoding 为文件使用的编码：当 Unicode 字符串被写入数据时，将自动使用 f.encoding 转换为字节字符串；若 f.encoding 为 None 时，则使用系统默认编码。

2）f.softspace 为 0 表示输出一数据后要加上一个空格符；为 1 表示不加。这个属性一般用不到，由程序内部使用。

5.1.5　文本文件读写

1. 文本文件读写方法

表 5.3 为文本文件的常用内置方法。在文件对象方法中，最关键的两类方法是文件对象的关闭方法 close() 和文件对象的读写方法。

表 5.3　文本文件的常用内置方法（f 表示文件对象）

	文件对象的方法	操　　作
读	f.read([size=-1])	从文件读 size 个字节（Python 2）或字符（Python 3.0）；size 缺省或为负，读所有剩余内容
	f.readline([size=-1])	从文件中读取并返回一行（含行结束符），若 size 有定义，返回 size 个字符
	f.readlines([size])	读出所有行组成的 list，size 为读取内容的总长
写	f.write(str)	将字符串 str 写入文件
	f.writelines(seq)	向文件写入字符串序列 seq，不添加换行符。seq 应该是一个返回字符串的可迭代对象
指针	f.tell()	获得文件指针当前位置（以文件的开头为原点）
	f.seek(offset[, where])	从 where（0：文件开始；1：当前位置；2：文件末尾）将文件指针偏移 offset 字节
其他	f.flush()	把缓冲区的内容写入硬盘，刷新输出缓存
	f.close()	刷新输出缓存，关闭文件，否则会占用系统的可打开文件句柄数
	f.truncate([size])	截取文件，只保留 size 字节
	f.isatty()	文件是否为一个终端设备文件（UNIX 系统中）：是则返回 True；否则返回 False
	f.fileno()	获得文件描述符—— 一个数字

2. 文本文件读写示例

代码 5-4　文件读写示例。

```
>>> import os
>>> os.mkdir('D:\myPythonTest')                    #创建一个文件夹
>>> f = open(r'D:\\myPythonTest\test1.txt','w')    #以写方式打开 f
>>> f.write('Python\n')                            #写入一行
7
>>> f.close()                                      #文件关闭
>>> f = open(r'D:\\myPythonTest\test1.txt','r')    #以读方式打开
>>> f.read()                                       #读出剩余内容
```

```
'Python\n'
ンンン f.write('how are you?\n')                    #企图在读模式下写，导致错误
Traceback (most recent call last):
  File "<pyshell#59>", line 1, in <module>
    f.write('abcdefg\n')
io.UnsupportedOperation: not writable
>>> f.close()                                      #关闭文件
>>> f = open(r'D:\\myPythonTest\test1.txt','a')    #为追加打开
>>> f.write('how are you?\n')                      #在追加模式下写
13
>>> f.close()                                      #关闭文件
>>> f = open(r'D:\\myPythonTest\test1.txt')        #以默认(读)方式打开文件
>>> f.read(20)                                      #读出 20 个字符
'Python\nhow are you?\n'
>>> f.close()                                      #关闭文件
>>> f.read()                                        #在文件关闭之后操作
Traceback (most recent call last):
  File "<pyshell#10>", line 1, in <module>
    f.read()
ValueError: I/O operation on closed file.
```

说明：

1）在字符串前面添加符号 r，表示使用原始字符串。

2）不按照打开模式操作，会导致 io.UnsupportedOperation 错误。

3）一个文件在关闭后还对其进行操作会产生 ValueError。

5.1.6 二进制文件的序列化读写

Python 二进制文件主要用于图像、视频和音频等数据的保存，也常用于数据库文件、WPS 文件和可执行文件。所有这些应用中，数据都是以对象的形式提供的，并以字节串的形式存放的。这样，在向文件写数据时，就需要把内存中的数据对象，在不丢失其类型信息的情况下，转换成对象的二进制字节串。这一过程称为对象序列化（object serialization）。相对而言，在读取时，就要把二进制字节串准确地恢复成原来的对象，以供程序使用或显示出来。这一过程称为反序列化。Python 本身没有这些内置功能，要靠一些序列化模块实现。常用的序列化模块有 pickle、struct、json、marshal、PyPerSyst 和 shelve 等。它们由不同的团队开发，设计思路和使用方法各有特色。下面仅介绍其中两种，供读者品味。

1. pickle 模块

准确地说，Python 的 pickle 实际上是一个对象永久化（object persistence）模块。对象序列和反序列化是其实现对象持久化的两个接口，分别用 pickle.dump()和 pickle.load()实现。

（1）pickle.dump()

pickle.dump()的语法格式如下：

```
pickle.dump(obj, file, [,protocol])
```

pickle.dump()的功能是将对象 obj 转换成字节串写到文件对象 file 中。为此，要求 file 必须有 write()接口，可以是一个以'wb'方式打开的文件或者一个 StringIO 对象或者其他任何实现 write()接口的对象。

protocol 为序列化使用的协议版本，0 表示 ASCII 协议，所序列化的对象使用可打印的 ASCII 码表示；1 表示老式的二进制协议；2 表示 2.3 版本引入的新二进制协议，较以前的更高效。其中协议 0 和 1 兼容老版本的 Python。protocol 默认值为 0。

代码 5-5　pickle.dump()应用示例。

```
>>> import pickle
>>> class Person:
.   def __init__(self, name, age):
        self.name = name
        self.age = age
    def show(self):
        print(self.name + "_" + str(self.age))

>>> aa = Person("Zhang", 20); aa.show()
Zhang_20
```

（2）pickle.load()

pickle.load()的语法格式如下：

```
pickle.load(file)
```

pickle.load()的功能是将文件中的数据解析为一个 Python 对象。

代码 5-6　pickle.load()应用示例。

```
>>> import pickle
>>> with open('d:\\p.dat', 'rb') as f:
    bb = pickle.load(f)

>>> bb.show()
Zhang_20
```

显然，采用 pickle 模块，就不再需要 write()和 read()两个方法了，它的 dump()和 load() 既完成了格式转换，又进行了读写。

2. struct 模块

在进行二进制文件读/写时，采用 struct 模块仅仅是用它的两个函数进行数据的打包（pack）和解包（unpack），读/写还需要使用文件对象的读/写方法。这与采用 pickle 模块有一些不同。因此，使用 struct 模块进行二进制文件读写，就要了解清楚它的打包原理。

（1）struct 的概念

struct 是 C 语言提供的一种组合数据类型，用于把不同类型的数据组织成一种数据类型，有点类似于类实例的属性。Python 的 struct 模块就是按照这种模式来把一个或几个数据组织起来进行打包变换再写入；相对而言，读出后，还要进行解包处理才可以交程序使用。

（2）标记一个 struct 的结构

为了解包时恢复原来组成 struct 的数据类型，必须用一个字符串记下它们原来的类型。为此要使用规定的类型符进行简洁标记。表 5.4 为 struct 支持的类型标记符。

表 5.4　struct 支持的类型标记符（与 Python 有关部分）

类型符	Python 类型	字节数	类型符	Python 类型	字节数
x	None	1	Q	long	8
?	bool	1	f	float	4
i	integer	4	d	float	8
q	long	8	s	string	1

说明：

1）q 和 Q 只在机器支持 64 位操作时有意义。

2）每个格式前可以有一个数字，表示个数。

3）s 格式表示一定长度的字符串，4s 表示长度为 4 的字符串。

例如，一个职员的 struct 包含如下数据：

name = 'Zhang'

age = 35

wage = 3456.78

由于字符串可以直接写，所以只需对 struct 中的整型、浮点型标记为：empfmt = 'if'。

（3）打包成字节串对象

打包用 struct.pack(fmt, v1, v2, ...)。其第一个参数 fmt 是类型标记字符串，后面依次为各个数据。例如，对于上述职员数据，打包的语法格式如下：

```
empByteStr = struct.pack(empfmt, age, wage)
```

（4）写入文件

打开文件，将打包后的字节串写入文件，然后关闭文件。写入时，按照顺序，先直接写入字符串 name，再写 empByteStr。

（5）读文件

打开文件，从文件中读出一个字节串，然后解包，关闭文件。

注意，读出时要计算各个数据的存储长度，如上述 name 为 5，age 为 4，wage 为 4，即 age 与 wage 共用了 8B。

代码 5-7　用 struct 进行数据打包与解包示例。

```
>>> import struct
>>> #写入************************************************
>>> name = 'Zhang'; age = 35; wage = 3456.78
>>> empfmt = 'if'
>>> empByteStr = struct.pack(empfmt, age, wage)          #打包成字节流对象
>>> with open(r'D:\\mycode\test3.dat', 'wb') as f3:
```

```
    f3.write(empByteStr)
    f3.write(name.encode())                    #将 name 转换成字节串对象

8
5
>>> #读出************************************
>>> with open(r'D:\\mycode\test3.dat', 'rb') as f4:
    ebs = f4.read(8)                           #读出 8 个字节
    empTup = struct.unpack(empfmt, ebs)        #解包
    n = f4. read(5)                            #读出 5 个字节

>>> nm = n.decode()                            #将字节串对象解码为 str
>>> ag, wg = empTup                            #分割元组元素
>>> print('name:', nm)
name: Zhang
>>> print('age:', ag)
age: 35
>>> print('wage:', wg)
wage: 3456.780029296875
```

说明：encode()函数用于将 str 对象转换为字节串对象，decode()函数用于将字节串对象解码为 str 对象。

5.1.7　文件指针位置获取与移动

在一般情况下，对 Python 文件的访问会从文件操作标记（文件指针）起进行顺序读/写。但是有时，也需要跳跃式地移动文件指针，逃过某些字节进行访问，如选择性地读出或改写某个数据。这时就涉及对于文件指针操作的两个方法：tell()和 seek()。前者用于获取文件指针当前位置，后者用于移动文件指针。

代码 5-8　在代码 5-7 的基础上进行文件指针操作。

```
>>> import struct
>>> with open(r'D:\\mycode\test3.dat', 'rb') as f5:
    f5.tell()                                  #获取文件指针当前位置
    f5.seek(4)                                 #跳过 4 个字节
    x = f5.read(4)
    xTup = struct.unpack('f', x)               #解包
    print('x:', xTup)
    f5.tell()                                  #再获取文件指针当前位置

0
4
x: (3456.780029296875,)
8
```

讨论：从文件头开始，跳过四个字节就是跳过年龄，读取工资。

5.1.8　文件和目录管理

除了进行文件内容的操作，Python 还提供了从文件级和目录级进行管理的手段。在 Python 中有关文件及其目录的管理型操作函数主要包含在一些专用模块中，表 5.5 为可用于进行文件和目录管理操作的内置模块。

表 5.5 **Python 中可用于文件和目录管理操作的内置模块**

模块/函数名称	功能描述	模块/函数名称	功能描述
open()函数	文件读取或写入	tarfile 模块	文件归档压缩
os.path 模块	文件路径操作	shutil 模块	高级文件和目录处理及归档压缩
os 模块	文件和目录简单操作	fileinput 模块	读取一个或多个文件中的所有行
zipfile 模块	文件压缩	tempfile 模块	创建临时文件和目录

下面举例对其中常用情况进行介绍。

1. 文件重命名

文件重命名语法格式如下：

```
os.rename ('currentFileName', 'newFileName')
```

链 5-2 Python 文件与目录
管理

文件重命名示例代码：

```
import os
os.rename("E:/Python36/test1.txt", "D:/Python36/test2.txt")
```

2. 删除文件

删除文件语法格式如下：

```
os.remove ('aFileName')
```

删除文件示例代码：

```
import os
os.remove( "E:/Python36/test1.txt")
```

3. 新建目录

创建新目录语法格式如下：

```
os. mkdir('newDir')
```

创建新目录示例代码：

```
import os
os.mkdir("testDir")
```

4. 显示当前工作目录

显示当前工作目录语法格式如下：

```
os.get cwd ( )
```

显示当前工作目录示例代码：

```
import os
```

```
os.getcwd( )
```

5. 更改现有目录

更改现有目录语法格式如下：

```
os.chdir ('dirName)
```

删除文件示例代码：

```
import os
os.chdir("/myDir/testDir")
```

6. 删除目录

删除目录语法格式如下：

```
os.redir ('directoryName')
```

删除文件示例代码：

```
import os
os.redir'/tmp/testDir')
```

习题 5.1

1. 选择题

（1）函数 open() 的作用不包括＿＿＿＿＿。

A. 读写对象是二进制文件或文本文件　　　　B. 读写模式是只读、读写、添加或修改

C. 建立程序与文件之间的通道　　　　D. 是顺序读写，还是随机读写

（2）为进行写入，打开文本文件 file1.txt 的正确语句是＿＿＿＿＿。

A. f1 = open('file1.txt', 'a')　　　　B. f1 = open('file1', 'w')

C. f1 = open('file1', 'r+')　　　　D. f1 = open('file1.txt', 'w+')

（3）下列不是文件对象写方法的是＿＿＿＿＿。

A. write()　　　　B. writeline()　　　　C. writelines()　　　　D. writefile()

（4）文件是顺序读写还是随机读写，与＿＿＿＿＿＿无关。

A. 函数 open()　　　　B. 方法 seek()

C. 方法 next()　　　　D. 方法 fell()

（5）为进行读操作，打开二进制文件 abc 的正确语句是＿＿＿＿＿。

A. open (abc, 'b')　　　　B. open('abc', 'rb')　　　　C. open('abc', 'r+')　　　　D. open('abc', 'r')

（6）以下文件打开方式中，两种打开效果相同的是＿＿＿＿＿。

A. open(filename, 'r')　　　　B. open(filename, "w+")

C. open(filename, "rb")　　　　D. open(filename, "w")

（7）文件对象 f.week(0, 0) 的含义是＿＿＿＿＿＿。

A. 清除文件 f　　　　B. 返回文件 f 开头内容

C. 移动文件指针到文件 f 开头　　　　D. 返回文件 f 尾部内容

（8）open('file1', r).read(n)用于_____。

A. 从文件 file1 头部读取 n 个字符　　　　B. 从文件 file1 的当前位置读取 n 个字节

C. 从文件 file1 中读取 n 行　　　　　　　D. 从文件 file1 的当前位置读取 n 个字符

2. 判断题

（1）在 open()函数的打开方式中，有"+"，表示文件对象创建后，将进行随机读写；无"+"，表示文件对象创建后，将进行顺序读写。（　　）

（2）close()函数的作用是关闭文件。（　　）

（3）在 Python 中，显式关闭文件没有实际意义。（　　）

（4）用 read()方法可以设定一次要读出的字节数量。设计这个数量的合适原则：一次尽可能多读；如果需要，最好全读；如一次不能读完，则可按缓冲区大小读取。（　　）

3. 代码分析题

阅读下列代码，指出输出结果。

（1）

```
def testABC():
        try:
            f1 = open('D:\\file1.text', 'w+')
            f1.write('abc')
            f1.writelines(['def\n', '123'])
            print f1.tell()
            f1.seek(0)
            content = f1.readlines()
            for con in content:
                print con
        except IOError, e:
            print e
        finally:
            f1.close()

testABC()
```

（2）

```
def testDEF():
        try:
            f2 = open('D:\\file2.text', 'w+')
            f2.writelines(['abc\n', 'def\n', 'ghi'])
            f2.seek(-3, 2)
            print f2.tell()
            content = f2.read()
            print content
            f2.seek(-6, 1)
            f2.write('123')
            f2.seek(0, 0)
            content = f2.read()
            print content
        except IOError, e:
            print e
```

```
    finally:
        f2.close()
```

测试语句如下：

```
testDEF()
```

4. 程序设计题

（1）建立一个存储人名的文件，输入时不管大小写，但在文件中的每个名字都以首字母大写、其余字母小写的格式存放。

（2）检查一个文件，将其所有的字符串"Java"或"java"或"JAVA"都改写为"Python"。

（3）有两个文件 a.txt 和 b.txt，先将两个文件中的内容按照字母表顺序排序，然后创建一个文件 c.txt，存储为 a.txt 与 b.txt 按照字母表顺序合并后的内容。

（4）写一个比较两个文件的程序：如果两个文件完全相同，则输出"文件 XXXX 与文件 YYYY 完全相同"；否则给出两个文件第一个不同处的行号、列号和字符。

（5）编写 Python 代码，可以随心所欲地修改当前工作目录，也可以恢复到原来的当前工作目录。

（6）编写 Python 代码，可以进入任何一个目录中搜索其中包含哪些文件。

（7）编写 Python 代码，可以把一组文件压缩归档到一个归档文件中，也可从中展开一个或几个文件。

5. 资料收集题

（1）尽可能多地收集可用于文件和目录管理的 Python 模块，并对它们进行比较。

（2）尽可能多地收集可用文件压缩和归档的 Python 模块，并对它们进行比较。

5.2　Python 数据库操作

5.2.1　数据库与 SQL

1. 数据库技术的特点

数据库是以文件技术为基础，发展起来的一项数据处理技术。它采取了三级模式、两级独立性和数据模型化技术，摒弃了文件系统的数据独立性差以及数据的共享性差、冗余大、一致性差等弊病，减少了数据管理和维护的工作量，是数据处理与管理的关键技术。

链 5-3　数据库技术特点

2. 关系数据库与 SQL

现在，应用极为广泛的数据库技术是以数据关系模型为基础的关系数据库技术。为了方便关系数据库的操作，1974 年由 Boyce 和 Chamberlin 提出的一种介于关系代数与关系演算之间的结构化查询语言——SQL(Structured Query Language)。这是一个通用的、功能极强的关系型数据库语言。它包含如下六个部分。

1）数据查询语言（Data Query Language，DQL）：用以从表中获得数据，确定数据怎样在应用程序给出，使用最多的保留字是 SELECT，此外还有 WHERE、ORDER BY、GROUP BY 和 HAVING。

2）数据操作语言（Data Manipulation Language，DML）：也称为动作查询语言，其语句包括动词 INSERT、UPDATE 和 DELETE，分别用于添加、修改和删除表中的行。

3）事务处理语言（Transaction Process Language，TPL）：其语句包括 BEGIN TRANSACTION、COMMIT 和 ROLLBACK，用于确保被 DML 语句影响的表的所有行及时得以更新。

4）数据控制语言（Data Control Language，DCL）：用于确定单个用户和用户组对数据库对象的访问，或控制对表单个列的访问。

5）数据定义语言（Data Definition Language，DDL）：其语句包括动词 CREATE 和 DROP，用于在数据库中创建新表或删除表等。

6）指针控制语言（Cursor Control Language，CCL）：其语句包括 DECLARE CURSOR、FETCH INTO 和 UPDATE WHERE CURRENT，用于对一个或多个表单独行的操作。

1986 年 10 月，美国国家标准协会对 SQL 进行规范后，将其作为关系式数据库管理系统的标准语言（ANSI X3. 135-1986），1987 年在国际标准组织的支持下成为国际标准。

目前，SQL 已经成为最重要的关系数据库操作语言，并且其影响已经超出数据库领域，得到其他领域的重视和采用，如人工智能领域的数据检索，第四代软件开发工具中嵌入 SQL 的语言等。

需要说明的是，尽管 SQL 成为国际标准，但各种实际应用的数据库系统在其实践过程中都对 SQL 规范做了某些编改和扩充。所以，实际上不同数据库系统之间的 SQL 不能完全相互通用。据统计，目前已有超过 100 种的 SQL 数据库产品遍布在从微机到大型机的各类计算机中，其中包括 DB2、SQL/DS、Oracle、Ingres、Sybase、SQL Server、DBASE Ⅳ、Paradox、Microsoft Office Access 等。

3. Python 应用程序——数据库访问模块

任何数据库都有自己的访问渠道。对于关系数据库来说，其访问渠道是 SQL。而 Python 是不能直接访问数据库的。为了访问数据库，必须有一个桥梁——采用专门的模块。这种作为 Python 应用程序访问数据库的桥梁模块有两大类——通用模块和专用模块。

1）通用模块：开放式数据库连接（Open Database Connectivity，ODBC）模块。

2）专用模块：SQLite。

5.2.2 借助 ODBC 模块操作数据库

ODBC 是微软公司与 Sybase、Digital 于 1991 年 11 月共同提出的一组有关数据库连接的规范，目的在于使各种程序能以统一的方式处理所有的数据库访问，并于 1992 年 2 月推出了可用版本。ODBC 提供了一组对数据库访问的标准 API（应用程序编程接口），利用 ODBC API，应用程序可以传送 SQL 语句给数据库管理系统（Data Base Managerment System，DBMS）。

1. ODBC 组成

从用户的角度，ODBC 的核心部件是 ODBC API 和 ODBC 驱动程序（driver）。ODBC 驱动程序是 ODBC 和数据库之间的接口。通过这种接口，可以把用户提交到 ODBC 请求，转换为对于数据源的操作，并接收数据源的操作结果。

不同的数据库有不同的驱动程序，例如有 ODBC 驱动、SQL Sever 驱动、MySQL 驱动等。表 5.6 为常用数据库的 ODBC 驱动程序名。

表 5.6　常用数据库的 ODBC 驱动程序名

数据库	ODBC 驱动程序名
Oracle	oracle.jdbc.driver.OracleDriver
DB2	com.ibm.db2.jdbc.app.DB2Driver
SQL Server	com.microsoft.jdbc.sqlserver.SQLServerDriver
SQL Server2000	sun.jdbc.odbc.JdbcOdbcDriver
SQL Server2005	com.microsoft.sqlserver.jdbc.SQLServerDrive
Sybase	com.sybase.jdbc.SybDriver
Informix	com.informix.jdbc.IfxDriver
MySQL	org.gjt.mm.mysql.Driver
PostgreSQL	org.postgresql.Driver
SQLDB	org.hsqldb.jdbcDriver

因此，要用 Python 应用程序连接一个数据库，首先要下载适合的数据库驱动程序。

ODBC API 以一组函数的形式提供应用程序调用。当应用程序调用一个 ODBC API 函数时，Driver Manager 就会把命令传递给适当的驱动程序。然后，驱动程序再将命令传递给特定的后端数据库服务器，并用可理解的语言或代码对数据源进行操作，最后将结果或结果集通过 ODBC 传递给客户端。

2. ODBC 工作过程

Python 使用 ODBC 的基本工作过程如图 5.1 所示。

（1）加载 ODBC 驱动程序

每个 ODBC 驱动都是一个独立的可执行程序，它一般被保存在外存中。加载就是将其调入内存，以便随时执行。

（2）连接数据源

连接数据源即建立 ODBC 驱动与特定数据源（库）之间的连接。由于数据源必须授权访问，因此连接数据源需要数据源定位信息和供访问者的身份信息。这些信息用字符串表示，称为连接字符串。

连接字符串的内容一般有：数据源类型、数据源名称、服务器 IP 地址、用户 ID、用户密码等，并且可以分为 DSN 和 DSN-LESS（非 DNS）两种方式。

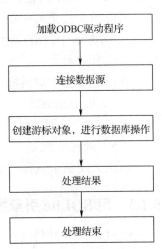

图 5.1　Python 使用 ODBC 的基本工作过程

数据源名（Data Source Name，DSN）方式就是采用数据源的连接字符串。在 Windows 系统中，这个数据源名可以在"控制面板"里面的"ODBC Data Sources"中进行设置，如"Test"，则对应的连接字符串为："DSN=Test;UID=Admin;PWD=XXXX;"。DSN-LESS 就是非数据源方式的连接方法，使用方法是："Driver={Microsoft Access Driver (*.mdb)};Dbq=\somepath\mydb.mdb;Uid=Admin;Pwd= XXXX;"

访问不同的数据源（驱动程序）时需要提供的连接字符串有所不同。表 5.7 为常用数据源对应的连接字符串。

表 5.7　常用数据源对应的连接字符串

数据源类型	连接字符串
SQL Server（远程）	"Driver={SQL Server};Server=130.120.110.001;Address=130.120.110.001, 1052;Network=dbmssocn;Database = pubs;Uid=sa;Pwd=asdasd;" 注：Address 参数必须为 IP 地址、端口号和数据源名
SQL Server（本地）	"Driver={SQL Server}；Database=数据库名；Server=数据库服务器名(localhost)；UID=用户名(sa)；PWD=用户口令；"注：数据库服务器名(local)表示本地数据库
Oracle	"Driver={microsoft odbc for oracle};server=oraclesever.world;uid=admin;pwd=pass;"
Access	"Driver={microsoft access driver(*.mdb)};dbq=*.mdb;uid=admin;pwd=pass;"
SQLite	"Driver={SQLite3 ODBC Driver};Database=D:\SQLite*.db"
MySQL（Connector/Net）	"Server=myServerAddress;Database=myDataBase;Uid=myUsername;Pwd=myPassword;"

（3）创建游标对象，进行数据库操作

在数据库中，游标（cursor）是一个十分重要的处理数据的方法。用 SQL 语言从数据库中检索数据后，结果放在内存的一块区域中，且结果往往是一个含有多个记录的集合。游标提供了在结果集中一次以单行或者多行前进或向后浏览数据的能力，使用户可以在 SQL Server 内逐行地访问这些记录，并按照用户自己的意愿来显示和处理这些记录。所以游标总是与一条 SQL 选择语句相关联。

在 Python 中，游标也是对象。游标对象一般由 connection 的方法 cursor()创建，也称打开游标。

在当前连接中对游标所指位置由 ODBC 驱动传递 SQL，进行数据库的数据操作。

（4）处理结果

把 ODBC 返回的结果数据，转换为 Python 程序可以使用的格式。

（5）处理结束

依次关闭结果资源、语句资源和连接资源。

5.2.3　用 SQLite 引擎操作数据库

1. SQLite 及其特点

SQLite 是一种开源的、嵌入式轻量级数据库引擎，它的主要特点如下：

1）支持各种主流操作系统，包括 Windows、Linux、UNIX 等，能与多种程序设计语言（包括 Python）紧密结合。

2）SQLite 的功能是在编程语言内直接调用 API 实现，不需要安装和配置服务器，具有内存消耗少、延迟时间短、整体结构简单的特点，所以称为轻量级数据库引擎。

3）SQLite 不进行数据类型检查。并且如表 5.8 所示，SQLite 与 Python 具有直接对应的数据类型。除此之外，还可以使用适配器将更多的 Python 类型对象存储到 SQLite 数据库，并可以使用转换器，将 SQLite 数据转换为 Python 中合适的数据类型对象。

表 5.8　SQLite 与 Python 直接对应的数据类型

SQLite 数据类型	NULL	INTEGER	REAL	TEXT	BLOB
与 Python 直接对应的数据类型	None	int	float	str	bytes

注意： 由于定义为 INTEGER PRIMARY KEY 的字段只能存储 64 位整数，当向这种字段保存除整数以外的数据时，将会产生错误。

4）SQLite 实现了多数 SQL-92 标准，包括事务、触发器和多种复杂查询。

SQLite 的官方网址为：http://www.sqlite.org。

2. Python 程序连接与操作 SQLite 数据库的步骤

Python 的数据库模块一般都有统一的接口标准，所以数据库操作都有统一的模式，基本上包括如下步骤。

（1）导入 sqlite3 模块

Python 自带的标准模块 sqlite3 包含了以下常量、函数和对象：

```
sqlite3.version            #常量，版本号
sqlite3.connect(database)  #函数，连接数据库，返回 connect 对象
sqlite3.connect            #对象，连接数据库对象
sqlite3.cusor              #对象，游标对象
sqlite3.row                #对象，行对象
```

因此，要使用 SQLite，必须先用如下命令导入 sqlite3：

```
import sqlite3             #导入模块
```

（2）实例化 connection 对象

sqlite3 的 connect () 函数用连接字符串（核心内容是数据库文件名）作参数，可以实例化（创建）一个 connection 对象。这也意味着，当数据库文件不存在的时候，它会自动创建这个数据库文件名；如果已经存在这个文件，则打开这个数据库文件。语法格式如下：

```
conn = sqlite3.connect(连接字符串)
```

应用示例如下：

```
conn = sqlite3.connect("d:\\test.db")
```

这个数据库创建在外存。有时，也需要在内存创建一个临时数据库，语法格式如下：

```
conn = sqlite3.connect(':memory:')
```

数据库连接对象一经创建，数据库文件即被打开，就可以使用这个对象调用有关方法实现相应的操作，主要方法如表 5.9 所示。

表 5.9　connection 对象的主要方法（由 sqlite.conn.调用）

方法名	说　明
execute(SQL 语句[, 参数])	执行一条 SQL 语句
executemany(SQL 语句[, 参数序列])	对每个参数，执行一次 SQL 语句
executescript(SQL 脚本)	执行 SQL 脚本
.commit()	事务提交
rollback()	撤销当前事务，事务回滚到上次调用 connect()处的状态
cursor()	实例化一个游标对象
close()	关闭一个数据库连接

（3）创建 cursor 对象

sqlite 游标对象，由 cconnection 对象使用它的 cursor()方法创建。创建示例如下：

```
cu = conn.cursor()
```

游标对象创建后，就可以由这个游标对象调用其有关方法进行数据库的读写等操作了，表 5.10 列出了游标对象的主要方法。

表 5.10　游标对象的主要方法（由 sqlite.cu.调用）

方法名	说　明
execute(SQL 语句[, 参数])	执行一条 SQL 语句
executemany(SQL 语句[, 参数序列])	对每个参数，执行一次 SQL 语句
executescript(SQL 脚本)	执行 SQL 脚本
close()	关闭游标
fetchone()	从结果集中取一条记录，返回一个行（Row）对象
fetchmany()	从结果集中取多条记录，返回一个行（Row）对象列表
fetchall()	从结果集中取出剩余行记录，返回一个行（Row）对象列表
scroll()	游标滚动

（4）执行 SQL 语句

从表 5.9 和表 5.10 可以发现，两张表中都定义有 execute()、executemany()和 executescript()。也就是说，向 DBMS 传递 SQL 语句的操作，可以由 connection 对象承担，也可以由 cusor 对象承担。这时，两个对象的调用等效。因为实际上，使用 connection 对象调用这三个方法执行 SQL 语句时，系统会创建一个临时的 cursor 对象。

常见的 SGL 指令包括创建表以及进行表的插入、更新和删除。

代码 5-9　sqlite 数据库创建与 SQL 语句传送。

```
>>> import sqlite3                                         #导入 sqlite3
>>> conn = sqlite3.connect(r"D:\code0516.db")             #创建数据库
>>> conn.execute("create table region(id primary key, name, age)")
<sqlite3.Cursor object at 0x0000020635E82B90>
>>> regions = [('2017001', '张三', 20), ('2017002', '李四', 19), ('2017003', '王
五', 21)]                                                  #定义一个数据区块
>>> conn.execute("insert into region(id, name, age)values('2017004', '陈六', 22)")
                                                          #插入一行数据
<sqlite3.Cursor object at 0x0000020635E82C00>
>>> conn.execute("insert into region(id, name, age)values(?, ?, ?)", ('2017005',
'郭七', 23))  #以? 作为占位符的插入
<sqlite3.Cursor object at 0x0000020635E82B90>
>>> conn.executemany("insert into region(id, name, age)values(?, ?, ?)", regions)
                                                          #插入多行数据
<sqlite3.Cursor object at 0x0000020635E82C00>
>>> conn.execute("update region set name = ? where id = ?", ('赵七', '2017005'))
                                                          #修改用 id 指定的一行数据
<sqlite3.Cursor object at 0x0000020635E82B90>
>>> n = conn.execute("delete from region where id = ?", ('2017004', ))
                                                          #删除用 id 指定的一行数据
>>> print('删除了', n.rowcount, '行记录')
删除了 1 行记录
>>> conn.commit()                                         #提交
>>> conn.close()                                          #关闭数据库
```

（5）数据库查询

cursor 对象的主要职责是从结果集中取出记录，有三个方法：fetchone()、fetchmany() 和 fetchall()，可以返回 Row 对象或 Row 对象列表。

代码 5-10　sqlite 数据库查询。

```
>>> import sqlite3
>>> conn = sqlite3.connect(r"D:\code0516.db")
>>> cur = conn.execute("select id,name from region")      #创建一个游标对象
>>> for row in cur:                                       #迭代式查询指定列
    print(row)

('2017005', '赵七')
('2017001', '张三')
('2017002', '李四')
('2017003', '王五')
>>> cur.close()                                           #关闭游标对象
>>> conn.close()                                          #关闭数据库
```

习题 5.2

1. 填空题

（1）数据库系统主要由计算机系统、数据库、_____、数据库应用系统及相关人员组成。

（2）根据数据结构的不同进行划分，常用的数据模型主要有_____、_____、_____。

（3）数据库的_____形成了其两级独立性：_____之间的相互独立以及_____之间的相互独立。

（4）DBMS 中必须保证事物的 ACID 属性为_____、_____、和_____。

2. 简答题

（1）什么是 DBMS？

（2）常用的数据模型有哪几种？

（3）什么是关系模型中的元组？

（4）数据库的三级模式结构分别是哪三级？

（5）DBMS 包含哪些功能？

（6）收集关于 Python 连接数据库的形式。

（7）收集 SQL 常用语句。

3. 代码设计题

（1）设计一个 SQLite 数据库，包含学生信息表、课程信息表和成绩信息表。请写出各个表的数据结构的 SQL 语句，以"CREATE TABLE"开头。

（2）设计一个用 SQLite 存储通讯录的程序。

5.3 Python Socket 编程

这是一个信息时代，是所有的信息交流都以计算机网络为平台的时代，也是绝大多数应用都以计算机网络为基础的时代。因此，网络编程已成为现代程序设计的一个重要领域。

5.3.1 TCP/IP 与 Socket

1. Internet 与 TCP/IP

计算机网络是计算机技术与通信技术相结合的产物。为了降低设计与建造的复杂性，提高计算机网络的可靠性，就要把计算机网络组织成层次结构。不同的计算机网络有不同的体系，现在作为实际标准的计算机网络是 Internet。Internet 的网络拓扑结构如图 5.2a 所示，Internet 连接世界上几乎所有的城域网络、部门网络、企业网络和个人网络，成为一个网上之网，并通过这些网络连接世界上几乎所有的计算机及其上的应用，并在其发展过程中逐步形成如图 5.2b 所示的层次模型。

Internet 上有多种应用，不同的应用采用不同的应用协议，如 DNS（域名系统）、WWW（万维网）、FTP（文件传输）、电子邮件等。这些不同的应用程序可以在其应用层平行展开，同时运行。为了便于描述，将每个运行程序称为一个进程（process）。计算机网络上的一次应用过程就是两个同类进程通信的过程。将进程产生的数据变成在物理网上传输的信号，在 Internet 上通过运输层和网际层实现。

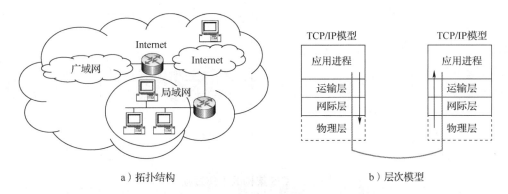

a）拓扑结构　　　　　　　　　　　　　　b）层次模型

图 5.2　Internet 的网络拓扑结构和层次模型

运输层的作用就是在不同的进程产生的数据上添加进程标识——端口号和其他安全保证等信息进行包装，再把不同的运输层包复用起来交给网际层处理。根据传输要求，运输层采用两种不同的策略进行数据传输，对应的协议称为传输控制协议（Transmission Control Protocol，TCP）和用户数据报协议（User Datagram Protocol，UDP）。TCP 是一种面向连接的传输，很像打电话，拨号连接后，才可以传输数据（通话），是一种可靠的传输协议。UDP 是一种无连接的传输，有点像传信，一封信发出后，不管走哪条路径，只要送到就行，是一种尽可能传送的协议。这两个协议常写成 TCP/UDP。所以，运输层也简称为 TCP/UDP 层。

网际层的作用是找对进行通信的两台主机，为此要对网络与主机进行编码——IP 地址，把这些编码添加到运输层送来的数据包中，交给物理层。网际层的核心协议是 IP（Internet Protocol），所以网际层也称 IP 层。

在 Internet 中，IP 与 TCP/UDP 是关键性两层，所以也把 Internet 称为 TCP/IP 网络。IP 地址与端口号是 TCP/IP 网络工作时的两个最重要参数。

链 5-4　IP 地址与端口号

2. 对等模式与客户机/服务器模式

在计算机网络中，根据通信两端的资源分配方式，会形成对等工作模式和客户端/服务器模式。对等模式是对两端资源进行对等分配，任何一端都可以向对方申请资源（或称服务），任何一方也可以为对方提供服务，E-mail 通信就是这样。另一种情况是，两方的资源进行不对等分配，即一方提供服务，称为服务器端；另一方用于向服务器发送请求并享受服务，称为客户端。这种工作模式称为客户端/服务器（Client/Server）架构，简称 C/S 架构。图 5.3 描述了 C/S 架构的工作过程。

注意：在 C/S 架构中，通信过程总是从客户端发起请求开始，所以客户端是通信的主动端。而服务器是一次通信的被动端，因为它并不知道客户端何时发起请求，并且一个服务器往往要为多个，甚至无法知道数量的客户端服务，所以服务器端应当先开始工作，并且可能会不停歇地工作，处于倾听状态，等待某一个客户端发起连接请求。

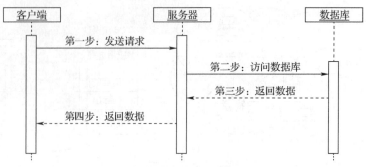

图 5.3   C/S 架构的工作过程

3. Socket

计算机网络虽然看起来层次简单，但具体实现起来还是非常复杂的。为了便于应用程序与网络的通信，降低网络应用程序的开发难度，人们提出了 Socket 的概念，如图 5.4 所示。Socket 是在 TCP/IP 之上添加一个接口层，用来屏蔽 TCP/IP 的细节，为计算机网络应用程序提供一个简洁的界面，即把计算机网络对于应用程序活动的支持简化为 Socket 之间的通信。

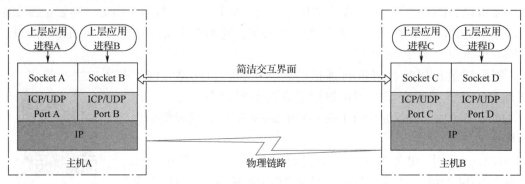

图 5.4   Socket

在面向对象的程序开发中，这个套接层的活动被封装成 Socket 对象，即在客户机端程序中首先要生成客户端的 Socket 对象；在服务器端程序中，首先要生成服务器端的 Socket 对象。在生成 Socket 对象时，最关键的参数称为 Socket 字。这个 Socket 字是一个由 IP 地址（或主机名）与端口号组成的二元组。也就是说，Socket 字是这个 Socket 对象的重要实例变量。除此之外，这个 Socket 对象还需要有一系列数据（消息）发送/接收方法。

5.3.2   Socket 模块与 Socket 对象

为了支持网络开发，Python 内置了一个 Socket 模块。下面介绍这个模块的主要元素。

1. Socket 模块中的常量和函数

进行 Socket 通信，首先需要创建 Socket 对象，而创建 Socket 对象时需要用到一些参数。所以，Socket 模块中定义了一些由 Socket 直接调用的常量和函数，见表 5.11。

表 5.11　Socket 模块中由 Socket 直接调用的常量和函数

常量/函数名	功能说明
socket.AF_UNIX	地址类型：只用于单一 UNIX 系统进程间通信
socket.AF_INET	地址类型：对于 IPv4 的 TCP 和 UDP
socket.AF_INET6	地址类型：对于 IPv6 的 TCP 和 UDP
socket.SOCK_STREAM	套接字类型：流式套接字，面向 TCP
socket.SOCK_DGRAM	套接字类型：数据报式套接字，面向 UDP
socket.SOCK_RAW	套接字类型：原始套接字，允许对较低层协议（如 IP、ICMP 等）进行直接访问
socket.INADDR_ANY	任意 IP 地址（32 位字节数字形式）
socket.INADDR_BROADCAST	广播地址（32 位字节数字形式）
socket.INADDR_LOOPBACK	loopback 设备，地址总是 127.0.0.1（32 位字节数字形式）
socket.gethostname()	返回运行程序所在计算机的主机名
socket.gethostbyname(hostname)	尝试将给定的主机名解释为一个 IP 地址
socket.gethostbyname_ex(hostname)	返回三元组（原始主机名、域名列表、IP 地址列表）
socket.gethostbyaddr(address)	含义与 gethostbyname_ex 相同，只是参数是一个 IP 地址字符串
socket.getserverbyname(service, protocol)	返回服务使用的端口号
socket.getfqdn([name])	函数返回关于给定主机名的全域名（如果省略，则返回本机的全域名）
socket. inet_aton(ip_addr)	从非 Python 的 32 位字节包 IP 地址中获取 Python 的 IP 地址
socket. inet_ntoa(packed)	inet_aton(ip_addr)的逆转换
socket. socket(family, type[, proto])	创建 Socket 对象

参数说明：

1）hostname：主机名。

2）address：主机地址。

3）service：服务协议名。

4）protocol：传输层协议名——TCP 或 UDP。

5）family：代表地址家族，通常的取值为 AF_INET。

6）type：代表套接字类型，通常的取值为 SOCK_STREAM（用于 TCP 连接）或 SOCK_DGRAM（用于 UDP 连接）。

代码 5-11　网络参数获取示例。

```
>>> import socket
>>> socket.gethostname()
'DESKTOP-GVKNACA'
>>> socket.gethostbyname('DESKTOP-GVKNACA')
'192.168.1.104'
>>> socket.gethostbyname('www.163.com')
```

```
'183.235.255.174'
>>> socket.gethostbyname_ex('www.163.com')
('www.163.com', [], ['183.235.255.174'])
>>> socket.getprotobyname('tcp')
6
>>> sock = socket.socket(socket.AF_INET,socket.SOCK_STREAM)
```

2. Socket 对象及其方法

Socket 通信是从 Socket 对象创建开始的。Socket 对象创建之后，就可以由这个对象调用其方法实现全部通信过程。以 TCP 通信为例，其通信基本过程如下：

在服务器端，创建了 Socket 对象，就相当于服务器开始工作。Socket 对象需要用本端的 Socket 字（主机地址或主机名，端口号）实例化，如果没有实例化，则需要执行绑定（bind）操作，然后倾听（listen for）并处于阻塞（accept，停止任何操作）状态，静候一个连接到来。接收到一个连接后，将创建一个新的 Socket 对象用于发送和接收数据。原来的那个 Socket 继续倾听、阻塞，等待接收下一个连接。

在客户端，可以是需要连接时才创建 Socket 对象，之后就可以发起连接请求了。

连接成功，两端就可以通过发送（send）和接收（recv）方法进行通信了。

通信结束，释放所创建的对象。

表 5.12 为常用 Socket 对象的方法。

表 5.12　常用 Socket 对象的方法

方法名	功能说明
ssock.listen(<u>backlog</u>)	设置并启动 TCP 监听器
ssock.bind(<u>address</u>)	将套接字绑定在服务器端 Socket 对象上
ssock.accept()	阻塞，等待并接收客户端连接，返回（conn, address），conn 是新套接字对象，可用来接收和发送数据。address 是连接客户端的地址
csock.connect(<u>address</u>)	主动发起客户端连接请求
csock.connect_ex(<u>address</u>)	connect()的扩展版本，如果有问题，就返回错误码，而非抛出异常
conn.send(<u>bytes</u>)	发送 TCP 消息
conn.sendall(<u>bytes</u>)	发送完整 TCP 消息
sock.sendto(<u>bytes</u>, <u>address</u>)	发送 UDP 消息
conn.recv(<u>bufsize</u>)	接收 TCP 消息
sock.recvfrom(<u>bufsize</u>[, <u>flags</u>])	接收 UDP 消息，返回二元组（bytes, address）
conn/sock.close()	撤销 Socket 对象

注：ssock，服务器端 Socket 对象；csock，客户端 Socket 对象；sock，普通 Socket 对象。

参数说明：

1）bytes：字节系列。

2）address：发送目的地(host, port)。

3）bufsize：一次接收数据的最大字节数（缓冲区大小）。

4）backlog：指定最多允许连接的客户端数目，最少为 1。

5.3.3 TCP 的 Python Socket 编程

1. TCP Socket 工作流程

图 5.5 为建立在 Socket 之上的 TCP 在 C/S 模式下的工作流程。

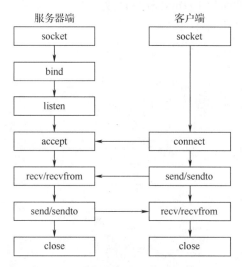

图 5.5 建立在 Socket 之上的 TCP 在 C/S 模式下的工作流程

2. 一个简单 TCP 服务器端的 Python Socket 实现

代码 5-12 带有时间戳的 TCP 服务器端程序。

```
>>> from socket import *
>>> from time import ctime
>>>
>>> def tcpServerProg():
    #参数配置
    HOST = ''
    PORT = 8000
    BUFSIZ = 1024
    ADDR = (HOST,PORT)

    #创建服务器端套接字对象,并处于倾听状态
    sSock = socket(AF_INET,SOCK_STREAM)
    sSock.bind(ADDR)
    sSock.listen(5)

    #创建连接对象,以便进行数据接收和发送
    while True:
        print('Waiting for connection...')
        conn.addr = sSock.accept()             #创建连接对象,使原来的套接口对象继续监听
        print('...connected from:',addr)

        while True:
            data = conn.recv(BUFSIZ)
            if not data or data.decode() == 'exit':
                break
            print ('Received message:',data.decode())
```

```
            content = '[%s] %s' % (ctime(), data)
            conn.send(content.encode())
        conn.close()                          #释放连接对象
    sSock.close()                             #释放套接口对象
```

3. 一个简单 TCP 客户端的 Python Socket 实现

代码 5-13 带有时间戳的 TCP 的客户端程序。

```
>>> from socket import *
>>>
>>> def tcpClientProg():

    HOST = '192.168.1.104'
    PORT = 8000
    BUFSIZ = 1024
    ADDR = (HOST,PORT)

    cSock = socket(AF_INET,SOCK_STREAM)
    cSock.connect(ADDR)

    while True:
        data = input('>')
        cSock.send(data.encode())
        if not data or data == 'exit':
            break
        data = cSock.recv(BUFSIZ)
        if not data:
            break
        print(data.decode())
    cSock.close()
```

4. 程序运行情况讨论

服务器端和客户端程序运行情况如图 5.6 所示。

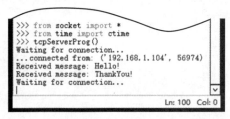 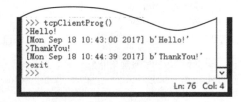

a）服务器端程序（代码 5-12）运行情况   b）客户端程序（代码 5-13）运行情况

图 5.6 服务器端和客户端程序运行情况

图 5.7 为代码 5-12 与代码 5-13 执行过程的时序图。时序图可以描述系统中各对象的创建、活动以及对象之间的消息传递关系与时序。

说明：

1）在时序图中，最上端的矩形表示对象，其名称标有下画线。由对象向下引出的虚线是时间（或称生命）线；时间线上的纵向矩形表示对象被激活的时间段。水平方向的带箭头的线表示消息传递，其中实线是主动消息（包括自身消息），虚线是返回消息。

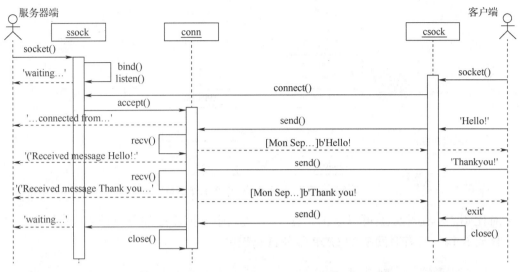

图 5.7　代码 5-12 与代码 5-13 执行过程的时序图

2）从图 5.7 中可以看出客户机/服务器工作的基本特点：服务器先开始工作，甚至是不间断地工作，但每次通信过程都是客户端发起。

3）图 5.7 给出了 TCP 传输的一个基本特征：面向连接，即它有一个明确的连接过程，数据的发送和接收都是在连接的基础上进行的。这一点仅作为 Python 网络编程的简单应用。实际上，TCP 还有三个重要性质：可靠连接（也称为三次握手）、可靠传输和连接的从容释放。

4）实际的 TCP 服务器工作时，都会使用两种端口：一种端口称为周知（公认）端口（well known port），也称为统一分配（universal assignment）端口、保留端口、静态端口。这些端口号是固定的、全局性的，范围为 0～1023。另一种端口称为动态端口或短暂端口（ephemeral port），是没有被分配为固定用途的端口，只作零差使用，范围为 49152～65535。一般来说，周知端口仅在服务器端用于接收连接。一旦连接成功，就会动态地从没有分配的端口中选择一个端口负责消息收发，使周知端口继续倾听，接收新的连接。客户端由于是连接的主动方，主要用于发送和接收消息，所以就使用短暂端口。从代码 5-12 的运行结果可以看出，服务器端从客户端发来的连接请求中可以获悉其端口号为 56974，这就是一个短暂端口。在 Socket 编程中用两个对象模拟，即服务器端的 Socket 对象创建之后，一直处于倾听状态；当有连接请求到来时，便会创建一个连接对象进行消息的接收和发送。所以，这两个对象应当是并行工作的，但在代码 5-12 中可以看到是串行工作的。改进的方法是利用多线程技术，使它们并发工作。本书不介绍 Python 多线程技术，有兴趣的读者可以参考其他著作。

5.3.4　UDP 的 Python Socket 编程

图 5.8 为基于 Socket 的 UDP 工作流程。其特点可以概括为：没有连接过程的"想发就发"。

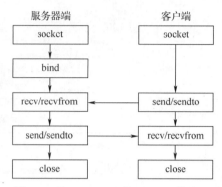

图 5.8 基于 Socket 的 UDP 工作流程

对比图 5.8 与图 5.15 可以看出，在 TCP 代码中去掉连接部分就是 UDP 代码。

代码 5-14 带有时间戳的 UDP 服务器端程序。

```
>>> from socket import *
>>> from time import ctime
>>>
>>> def udpServerProg():
    #参数配置
    HOST = ''
    PORT = 8002
    BUFSIZ = 1024
    ADDR = (HOST,PORT)

    #创建服务器端套接字对象
    sSock = socket(AF_INET,SOCK_DGRAM)
    sSock.bind(ADDR)

    while True:
        print('Waiting for connection...')
        data,addr = sSock.recvfrom(BUFSIZ)
        if not data or data.decode() == 'exit':
            break
        print ('Received message:',data.decode())
        content = '[%s] %s' % (ctime(), data)
        sSock.sendto(content.encode(),addr)
    sSock.close()
```

代码 5-15 带有时间戳的 UDP 客户端程序。

```
>>> from socket import *
>>>
>>> def udpClientProg():

    HOST = 'localhost'
    PORT = 8002
    BUFSIZ = 1024
    ADDR = (HOST,PORT)

    cSock = socket(AF_INET,SOCK_DGRAM)

    while True:
```

```
        data = input('>')
        cSock.sendto(data.encode(),ADDR)
        if not data or data == 'exit':
            break
        data,ADDR = cSock.recvfrom(BUFSIZ)
        if not data:
            break
        print(data.decode())
    cSock.close()
```

服务器端程序（代码 5-14）和客户端程序（代码 5-15）运行情况如图 5.9 所示。

注意：与 TCP 不同，UDP 创建 Socket 对象时的使用不同，发送和接收时使用的方法不同、参数也不同，即 UDP 每次发送都需要对方的地址，因为它没有连接。

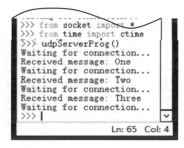
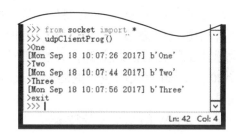

a）服务器端程序（代码 5-14）运行情况　　　b）客户端程序（代码 5-15）运行情况

图 5.9　服务器端程序（代码 5-14）和客户端程序（代码 5-15）运行情况

习题 5.3

1. 填空题

（1）在 Internet 层次结构中，核心的部分是_____层和_____层。

（2）在 Internet 中，用_____标识一台主机，而主机上的资源用_____标识。

（3）创建服务器端 socket 对象并绑定到 IP 地址后，可以使用_____和_____对象方法进行倾听和接收连接。

（4）客户端 socket 对象通过_____方法尝试建立到服务器端 socket 对象的连接。

2. 简答题

（1）对于面向连接的 TCP 通信程序，客户机与服务器建立连接后，如何发送和接收数据？

（2）对于非面向连接的 UDP 通信程序，客户机与服务器间如何发送和接收数据？

（3）如何将一个文件发送到对方主机指定的端口？

（4）用 Python 进行 socket 程序开发，可以使用的模块有哪些？

3. 程序设计题

（1）用 Python 编写一个小的 FTP 客户端程序，实现 FTP 常见功能：上传、下载、删除、更名等。

（2）两人合作用 Python 编写一个简单的半双工聊天程序。半双工指仅

链 5-5　TCP 可靠连接与可靠释放

创建一个连接，双方都可以发送，但不可同时发送。

（3）按照传输正常结束设计一个 TCP 连接可靠释放的 Python 程序。

5.4　Python WWW 应用开发

美国著名的信息专家、《数字化生存》的作者 Negroponte 教授认为，1989 年是 Internet 历史上划时代的分水岭。这一年英国计算机科学家 Tim Berners-Lee 成功开发出世界上第一台 Web 服务器和第一个 Web 客户机，并用 HTTP 进行了通信。这项技术赋予了 Internet 强大的生命力，WWW 浏览的方式给了 Internet 靓丽的青春。

5.4.1　WWW 及其关键技术

WWW 是 World Wide Web 的缩写，从字面上看可以翻译为"世界级的巨大网"或"全球网"，中国将之命名为"万维网"，有时也简称为 Web 或 W3。它的重要意义在于连接了全球几乎所有的信息资源，并能使人在任何一台连接在网上的终端都能进行获取。随着 20 世纪 60 年代已经问世的 Internet 逐渐火爆起来，万维网向人类展现了一个虚拟的世界。

下面介绍 WWW 的几个关键技术。

1. 超文本与超媒体

（1）超文本

超文本是将各种不同空间的文字信息组织在一起的网状文本，是在计算机网络环境中才可以实现的一项技术，它可以使人从当前的网络阅读位置跳跃到其他相关的位置，丰富了信息来源。这个概念由美国学者 Ted Nelson 提出，将之称为 The Original Hypertext Project——Hypertext（中文将之译为超文本），并于 1960 年开始进行这个想法的实现项目：Xanadu。图 5.10 所示为他画的一张超文本草图。

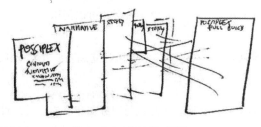

图 5.10　超文本草图

（2）超媒体

超文本的关键技术是超链接。靠超链接将若干文本组合起来形成超文本。同样道理，超链接也可将若干不同媒体、多媒体或流媒体文件链接起来，组合成为超媒体。

2. 浏览器/服务器架构

（1）B/S 架构

浏览器/服务器（Browser/Server，B/S）架构是 C/S 架构的延伸，是随着 WWW 兴起而出现的网络工作模式。在 WWW 系统中，到所有超链接的数据资源中搜寻需要的数据并非易事，需要有充足的软硬件和数据资源。这非一般客户力所能及。所以，需要有一些服务器专门承担数据搜寻工作。这样，客户机上只安装一个 Browser 即可，从而形成了 B/S 架构，也称为 B/S 工作模式。

链 5-6　一个超媒体实例

（2）HTML

在 B/S 架构中，客户端的主要工作有两项：一项是向服务器发送数据需求；另一项是把服务器端发送来的数据以合适的格式展现给用户，这样就需要一种语言进行描述。目前最常使用的是超文本标记语言（Hypertext Markup Language，HTML）及富文本格式（Rich Text Format，RTF）。这些描述是在服务器端进行的。客户端的工作就是把用这种语言描述的数据解释为用户需要的格式。

代码 5-16　一段 HTML 文档示例。

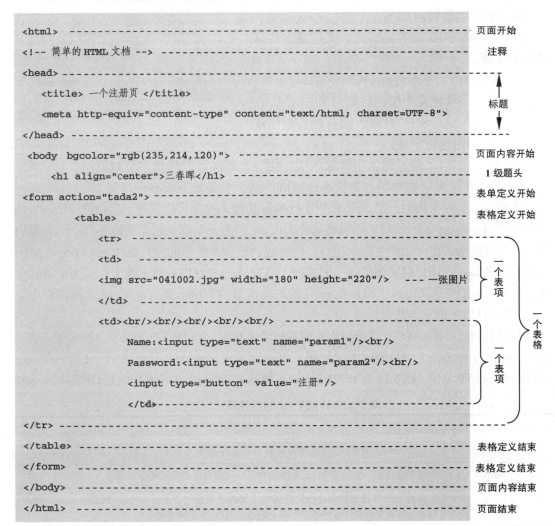

```
<html> ------------------------------------------------------  页面开始
<!-- 简单的 HTML 文档 --> --------------------------------------  注释
<head> ------------------------------------------------------  ┐
   <title> 一个注册页 </title>                                    │ 标题
   <meta http-equiv="content-type" content="text/html; charset=UTF-8">
</head> ------------------------------------------------------  ┘
 <body  bgcolor="rgb(235,214,120)"> ----------------------------  页面内容开始
     <h1 align="center">三春晖</h1> ------------------------------  1 级题头
<form action="tada2"> ------------------------------------------  表单定义开始
       <table> --------------------------------------------------  表格定义开始
          <tr> -----------------------------------------------  ┐
          <td> -----------------------------------------------  │ 一
          <img src="041002.jpg" width="180" height="220"/>  --- 一张图片  个
          </td> ----------------------------------------------  │ 表
                                                                │ 项
          <td><br/><br/><br/><br/><br/> ------------------------  │
              Name:<input type="text" name="param1"/><br/>       │ 一
              Password:<input type="text" name="param2"/><br/>   │ 个
              <input type="button" value="注册"/>                 │ 表
              </td>--------------------------------------------  │ 项
</tr> -----------------------------------------------------------  ┘
</table> --------------------------------------------------------  表格定义结束
</form> ---------------------------------------------------------  表格定义结束
</body> ---------------------------------------------------------  页面内容结束
</html> ---------------------------------------------------------  页面结束
```

说明： HTML 提供了一套标记（tag），用于说明浏览器展现这些信息的形式。多数

HTML 标记要成对使用在有关信息块的两端，部分标记可以单个使用。加有 HTML 标记的文档称为 HTML 文档。每个文档被存放为一个文件，称为一个网页（web page）。网页的文件扩展名为 html、htm、asp、aspx、php、jsp 等。服务器端将这个文件发送到客户端后，就会被客户端解释并显示对应的页面。

链 5-7　代码 5-16 在客户端
解释后显示

3. HTTP 与 HTTPS

（1）HTTP 及其特点

要实现 Web 服务器与 Web 浏览器之间的会话和信息传递，需要一种规则和约定——超文本传输协议（Hypertext Transfer Protocol，HTTP）。

HTTP 建立在 TCP 可靠的端到端连接之上，如图 5.11 所示。它支持客户（浏览器）与服务器间的通信，相互传送数据。一个服务器可以为分布在世界各地的许多客户服务。

HTTP 的主要特点如下：

1）支持客户端/服务器模式，支持基本认证和安全认证。

2）基于 TCP，是面向连接传输，端口号为 80。

3）允许传输任意类型的数据对象。

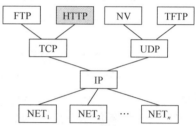

图 5.11　HTTP 在 TCP/IP 协议栈中的位置

4）协议简单，使得 HTTP 服务器的程序规模小，因而通信速度很快。

5）从 HTTP 1.1 起开始采用持续连接，使一个连接可以传送多个对象。

6）HTTP 是无状态协议。无状态是指协议对于事务处理没有记忆能力。

注意： 在实际工作中，某些网站使用 Cookie 功能来挖掘客户喜好。当用户（User）访问某个使用 Cookie 的网站时，该网站就会为 User 产生一个唯一的识别码并以此作为索引在服务器的后端数据库中产生一个项目，内容包括这个服务器的主机名和 Set-cookie 后面给出的识别码。当用户继续浏览这个网站时，每发送一个 HTTP 请求报文，其浏览器就会从其 Cookie 文件中取出这个网站的识别码并放到 HTTP 请求报文的 Cookie 首部行中。

（2）HTTP 请求方法

根据 HTTP 标准，HTTP 请求可以使用多种请求方法。HTTP 1.0 定义了三种请求方法：GET、HEAD 和 POST。HTTP 1.1 又新增了五种请求方法：PUT、DELETE、CONNECT、OPTIONS 和 TRACE。表 5.13 为 HTTP 1.1 的八种请求方法，其中最常用的是 GET 和 POST。

表 5.13　HTTP 1.1 的八种请求方法

序号	方　法	描　　述
1	GET	向服务器发出索取数据的请求，并返回实体主体
2	HEAD	类似于 GET 请求，只不过返回的响应中没有具体的内容用于获取报头
3	POST	向指定资源提交数据进行处理请求（如提交表单或者上传文件）。数据被包含在请求体中。POST 请求可能导致新资源的建立和/或已有资源的修改
4	PUT	从客户端向服务器传送的数据取代指定文档的内容

（续）

序号	方　法	描　　述
5	DELETE	请求服务器删除指定的页面
6	CONNECT	HTTP 1.1 中预留给能够将连接改为管道方式的代理服务器
7	OPTIONS	允许客户端查看服务器的性能
8	TRACE	回显服务器收到的请求，主要用于测试或诊断

（3）HTTP 状态码

服务器执行 HTTP，就是对浏览器端的请求进行响应。作为面向连接的交互，这个响应要告诉浏览器端相应的情况如何。为了简洁地表示相应情况，HTTP 使用了三位数字的五组状态码。

1xx：一般不用。

2xx：表示基本 OK。具体又细分为多种。

3xx：表示多种情况。

4xx：表示响应不成功。

5xx：表示服务器错误。

（4）HTTPS

安全超文本传输协议（Secure Hypertext Transfer Protocol，HTTPS）是 HTTP 的安全版。它基于 HTTP，用在客户计算机和服务器之间，使用安全套接字层（SSL）进行信息交换。或者说，HTTPS = SSL+HTTP。所以，HTTPS 要比 HTTP 复杂。

4. 统一资源定位符

TimBerners-Lee 对万维网的贡献不仅在于他成功开发了世界上第一个以 B/S 架构运行的系统，更在于他发明了统一资源定位符（Uniform Resource Locator，URL），为 Internet 上的信息资源的位置和访问方法提供了一种简洁的表示。其语法格式如下：

```
sckema: path
```

这里，sckema 表示连接模式。连接模式是资源或协议的类型。WWW 浏览器将多种信息服务集成在同一软件中，用户无需在各个应用程序之间转换，界面统一，使用方便。目前支持的连接模式主要有 HTTP（超文本传输协议）、FTP（远程文件传输协议）、Gopher（信息鼠）、WAIS（广域信息查询系统）、news（用户新闻讨论组）、mailto（电子邮件）。

path 部分一般包含有主机全名、端口号、类型和文件名、目录号等。其中，主机全名以双斜杠"//"打头，一般为资源所在的服务器名，也可以直接使用该 Web 服务器的 IP 地址，但一般采用域名体系。

path 部分的具体结构形式随连接模式而异，下面介绍两种 URL 格式。

（1）HTTP URL 语法格式

```
http://主机全名[: 端口号]/文件路径和文件名
```

由于 HTTP 的端口号默认为 80，因而可以不指明。

（2）FTP URL 语法格式

```
ftp://[用户名[:口令]@]主机全名/路径/文件名
```

其中，默认的用户名为 anonymous，用它可以进行匿名文件传输。如果账户要求口令，口令应在 URL 中编写或在连接完成后登录时输入。

5. 搜索引擎

搜索引擎（search engine）指自动从 Internet 搜集信息，并经过一定的整理提供给用户进行查询的系统。Internet 上的信息很多，而且毫无秩序，所有的信息像汪洋上的一个个小岛，网页链接是这些小岛之间纵横交错的桥梁，而搜索引擎则为用户绘制一幅一目了然的信息地图，供用户随时查阅。它们从互联网提取各个网站的信息（以网页文字为主），建立起数据库，并能检索与用户查询条件相匹配的记录，按一定的排列顺序返回结果。

世界上最早的搜索引擎是 Archie。此后，各种各样的搜索引擎大量涌现。不过，目前主流的搜索引擎还是全文搜索引擎。全文搜索引擎的工作内容包括三大部分。

（1）信息搜集

搜索引擎的自动搜集信息以两种方式进行：一种是定期搜索，即每隔一段时间（如 Google 一般是 28 天），搜索引擎主动派出网页抓取程序（spider），俗称"网络爬虫"或"网络蜘蛛"，也称"机器人"（robot）程序，顺着网页中的超链接连续抓取网页；另一种是提交网站搜索，即网站拥有者主动向搜索引擎提交网址，让搜索引擎在一定时间内（2 天到数月不等）定向向这些地址的网站派出"网络爬虫"程序进行网页扫描，抓取网页信息。这些被抓取的网页被称为网页快照。

（2）处理网页

搜索引擎抓到网页后，还要做大量的预处理工作，才能提供检索服务。其中，最重要的就是提取关键词，建立索引文件。还包括去除重复网页、分词（中文）、判断网页类型、分析超链接、计算网页的重要度/丰富度等。

（3）提供检索服务

当用户以关键词查找信息时，搜索引擎会在数据库中进行搜寻，如果找到与用户要求内容相符的网站，便采用特殊的算法（通常根据网页中关键词的匹配程度、出现的位置、频次、链接质量）计算出各网页的相关度及排名等级，然后根据关联度高低按顺序将这些网页链接返回给用户。

5.4.2 用 urllib 模块库访问网页

1. Python 的 Web 资源与 urllib 模块库

（1）Python 的 Web 资源

Web 是 Internet 的一个最重要的应用，也是一个相当广泛的应用。如上所述，它涉及较多的技术。所以，为了支持 Web 开发，Python 提供了较多的模块。下面是仅为 Python

3 自带的标准模块库中与 Web 有关的模块。

　　html：HTML 支持。

　　html.parser：简单 HTML 与 XHTML 解析器。

　　html.entities：HTML 通用实体的定义。

　　xml：XML 处理模块。

　　xml.etree.ElementTree：树形 XML 元素 API。

　　xml.dom：XML DOM API。

　　xml.dom.minidom：XML DOM 最小生成树。

　　xml.dom.pulldom：构建部分 DOM 树的支持。

　　xml.sax：SAX 2 解析的支持。

　　xml.sax.handler：SAX 处理器基类。

　　xml.sax.saxutils：SAX 工具。

　　xml.sax.xmlreader：SAX 解析器接口。

　　xml.parsers.expat：运用 Expat 快速解析 XML。

　　webbrowser：简易 Web 浏览器控制器。

　　cgi：CGI 支持。

　　cgitb：CGI 脚本反向追踪管理器。

　　wsgiref：WSGI 工具与引用实现。

　　urllib：URL 处理模块库。

　　urllib.request：创建 URL 对象，读取 URL 资源数据。

　　urllib.response：urllib 模块的响应类。

　　urllib.parse：解析 URL。

　　urllib.error：urllib.request 引发的异常类。

　　urllib.robotparser：robots.txt 的解析器。

　　http：HTTP 模块库。

　　http.client：HTTP 客户端。

　　面对这么多的模块，本书选择最常用的 urllib 库，抛砖引玉。

　　（2）urllib 模块库简介

　　在 WWW 中，数据资源主要以网页形式表现，而网页资源的搜索要依靠 URL。为此，Python 设立了 urllib 模块，并将其作为网络应用开发的核心模块。但与其说它是一个模块，不如说它是一个库更为恰当。因为它由如下五个子库（子模块）组成。

　　1）urllib.request：创建 URL 对象，读取 URL 资源数据。

　　2）urllib.response：定义响应处理的有关接口，如 read()、readline()、info()、geturl() 等，响应实例定义的方法可以在 urllib.request 中调用。

　　3）urllib.parse：解析 URL，可以将一个 URL 字符串分解为 IP 地址、网络地址和路径等成分，或重新组合它们，以及通过 base URL 转换 relative URL 到 absolute URL 的统一接口。

　　4）urllib.error：处理由 urllib.request 抛出的异常。该异常通常是因为没有特定服务器的连接或者特定的服务器不存在。

5）urllib.robotparser：解析 robots.txt（爬虫）文件。

下面主要介绍 urllib.parse 和 urllib.request 模块。

2. urllib.parse 模块与 URL 解析

（1）urllib.parse 模块简介

URL 解析主要由 urllib.parse 模块承担，可以支持 URL 的拆分与合并以及相对地址到绝对地址的转换。urllib.parse 模块的主要方法见表 5.14。

表 5.14　urllib.parse 模块的主要方法

方　　法	用法说明
urllib.parse.urlencode(query, doseq = False, safe = '', encoding = None, errors = None)	将 URL 附上要提交的数据
urllib.parse.urlparse(urlstring [, default_scheme [, allow_fragments]])	拆分 URL 为 scheme、netloc、path、parameters、query、fragment
urlunparse(tuple)	用元组（scheme, netloc, path, parameters, query, fragment）组成 URL
llib.parse.urljoin(base, url[, allow_fragments] = True)	基地址 base 与 URL 中的相对地址组成绝对 URL

参数说明：

1）query：查询 URL。

2）doseq：是否是序列。

3）safe：安全级别。

4）encoding：编码。

5）errors：出错处理。

6）values：需要发送到 URL 的数据对象。

7）scheme：URL 体系，即协议。

8）netloc：服务器的网络标志，包括验证信息、服务器地址和端口号。

9）path：文件路径。

10）parameters：特别参数。

11）fragment：片段。

12）base：URL 基。

13）allow_fragments：是否允许碎片。

（2）urllib.parse 模块应用举例

代码 5-17　URL 解析。

```
>>> from urllib import parse
>>> url = 'http://iot.jiangnan.edu.cn/info/1051/2304.htm'
>>> parse.urlparse(url)
ParseResult(scheme='http', netloc='iot.jiangnan.edu.cn', path='/info/1051/
2304.htm',
  params='', query='', fragment='')
```

说明： 这段代码解析了图 5.12 所示文件的 URL。

图 5.12　江南大学的一个文件——物联网工程学院新闻网

代码 5-18　URL 反解析——组合 URL。

```
>>> from urllib import parse
>>> urlTuple = ('http', 'iot.jiangnan.edu.cn', '/info/1051/2304.htm', '', '', '')
>>> unparsedURL = parse.urlunparse(urlTuple)
>>> unparsedURL
'http://iot.jiangnan.edu.cn/info/1051/2304.htm'
```

代码 5-19　URL 连接。

```
>>> from urllib import parse
>>> url1 = 'http://www.jiangnan.edu.cn/'
>>> url2 = '/info/1051/2304.htm'
>>> newUrl = parse.urljoin(url1,url2)
>>> newUrl
'http://www.jiangnan.edu.cn/info/1051/2304.htm'
```

3. urllib.request 模块与网页抓取

（1）urllib.request 模块概况

urllib.request 模块的功能可以从它包含的成员看出。表 5.15 为 urllib.request 模块的主要属性和方法。

表 5.15　urllib.request 模块的主要属性和方法

属性/方法	用法说明
urllib.request.urlopen(url,data = None[, timeout = socket.GLOBAL_DEFAULT_TIMEOUT], cafile = None, capath = None, context = None)	创建 HTTP.client.HTTPresponse 对象，打开 URL 数据源
urllib.request.Request(url, data = None, headers = {}, origin_req_host = None, unverifiable = False, method = None)	Request 对象的构造方法
urllib.request.full.url	Request 对象的 URL

（续）

属性/方法	用法说明
urllib.request.host	主机地址和端口号
urllib.request.data	传送给服务器添加的数据
urllib.request.add_data(data)	传送给服务器添加一个数据
urllib.request.add_header(key, val)	传送给服务器添加一个 header

参数说明：

1）url：URL 字符串。

2）data：可选参数，向服务器传送的数据对象，需为 UTF-8。

3）headers：字典，向服务器传送，通常是用来"恶搞"User-Agent 头的值，即用一组值替换掉原 Dser-Agent 头的一组值。

4）timeout：设置超时时间，用于阻塞操作，默认为 socket.GLOBAL_DEFAULT_TIMEOUT。

5）cafile、capath：指定一组被 HTTPS 请求信任的 CA 证书。cafile 指向一个包含 CA 证书的文件包，capath 指向一个散列的证书文件的目录。

6）context：描述各种 SSL 选项的对象。

7）origin_req_host：原始请求的主机名或 IP 地址。

8）unverifiable：请求是否无法核实。

9）method：表明一个默认的方法，method 类本身的属性。

（2）获取网页内容的基本方法

代码 5-20 创建 http.client.HTTPMessage 对象，打开并获取指定 URL 内容，如图 5.13 所示。

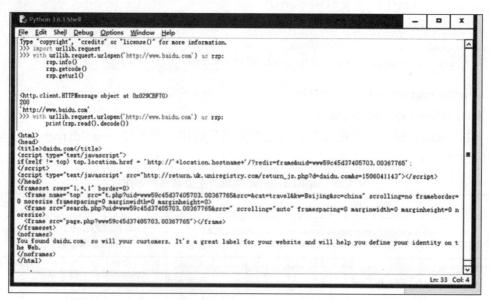

图 5.13　urllib.request 模块根据百度的 URL 读取其网页远程的情况

说明：图 5.13 是应用 urllib.request 模块的几行代码。它们根据百度的 URL 读取其网页远程的情况。

1）首先要导入 urllib.request 模块。

2）使用 urllib.request 模块的方法 urlopen(url, data, timeout)打开一个 URL 资源 rsp。

3）使用 rsp.info()（或使用 print(rsp)）语句可以获取 rsp 对象的基本信息：

```
<http.client.HTTPMessage object at 0x029CBF70>
```

这表明 rsp 是一个 http.client.HTTPMessage 对象，其内存地址为 0x029CBF70。

4）使用 rsp.getcode()可以获取 HTTP 的状态码：如果是 HTTP 请求，200 表示请求成功完成；404 表示网址未找到。

5）使用 rsp.geturl()可以获取资源对象的 URL。

6）使用内置的 read()函数可以读出 HTTPresponse 对象 rsp 的代码内容。图 5.13 中显示的就是图 5.14 所示百度网页的 HTML 代码。

图 5.14　百度网页

代码 5-21　使用 Request 对象再创建。

```
>>> from urllib import request
>>> url = 'http://www.baidu.com'
>>> rqst = request.Request(url)
>>> resp = request.urlopen(rqst)
>>> print(resp.read().decode())
<!DOCTYPE html>
<!--STATUS OK-->
```

显示情况见链 5-8。

（3）实例鉴赏

链 5-9 给出了一个应用实例。

链 5-8　代码 5-21 显示　　　　　链 5-9　56 行代码，带你爬取豆瓣影评

4. 网页提交表单

表单（form）是在网页中负责数据采集的组件，包含文本框、密码框、隐藏域、多行文本框、复选框、单选框、下拉选择框和文件上传框等。它们的共同特征是由三个基本部分组成。

1）表单标签（header）：也称为表头，用于声明表单，定义采集数据的范围，也就是<form>和</form>里面包含的数据将被提交到服务器或者电子邮件里。

2）表单域：用于采集用户的输入或选择的数据，具体形式有文本框、多行文本框、密码框、隐藏域、复选框、单选框和下拉选择框等。

3）表单按钮：用于发出提交指令。

（1）GET 方法和 POST 方法的实现

通常用于表单提交的 HTTP 方法是 GET 和 POST。GET 请求与 POST 请求的比较见表 5.16。

表 5.16　GET 请求与 POST 请求的比较

比较内容	GET 请求	POST 请求
请求目的	索取数据，类似查询，不会被修改	可能修改服务器上资源的请求
数据形式	数据作为 URL 的一部分，对所有人可见	数据在 HTML Header 内独立提交，不作为 URL 的一部分
数据适合性	适合传输中文或者不敏感的数据	适合传输敏感数据和不是中文字符的数
数据大小限制	URL 最大长度为 2048B，数据长度有限制	不限制提交的数据大小
安全性	URL 别人可见；参数保留在浏览器历史中，别人可查；安全性差	数据不在 URL 中，参数不会保存在浏览器历史或 Web 日志中

其中，从形式上看，GET 方法是把表单数据编码至 URL；而 POST 方法提交的表单数据不是被加到 URL 上，而是以请求的一个单独部分发送。

代码 5-22　用 GET 方法提交表单数据的代码片段。

```
>>> import urllib
>>> from urllib import parse,request
>>> url =
'http://www.abcde.org/cgi/search.cgi?words=python+socket&max=25&source=www'
>>> data = parse.urlencode([('words', 'python socket'), ('max', 25), ('source',
'www')])
>>> rqst = request.Request(url+data)        #将表单数据编码到 URL
>>> fd = request.urlopen(rqst)
```

代码 5-23 用 POST 方法提交表单数据的代码片段。

```
>>> import urllib
>>> from urllib import request,parse
>>> url = 'http://www.abcde.org/cgi/search.cgi?words=python+socket&max=25&source=www'
>>> data = parse.urlencode([('words', 'python socket'), ('max', 25), ('source', 'www')])
>>> rqst = request.Request(url,data)    #将表单数据作为 Request 实例的第二个数据成员
>>> fd = request.urlopen(rqst)
```

说明：在 POST 方法中，附加数据作为 Request 实例的第二个数据成员传送到 urlopen()方法。

（2）发送带有表头的表单数据

表头（header）是服务器以 HTTP 传 HTML 数据到浏览器前送出的字串，包括：

1）User-Agent：可携带浏览器名及版本号、操作系统名及版本号、默认语言等信息。

2）Referer：可用来防止盗链，有一些网站图片显示来源 http://***.com，就是检查 Referer 鉴定的。

3）Connection：表示连接状态，记录 Session 的状态。

代码 5-24 用 POST 方法提交 header 和表单数据的代码片段。

```
>>> from urllib import request,parse
>>> url = 'http://localhost/login.php'
>>> user_agent = 'Mozilla/4.0 (compatible; MSIE 5.5; Windows NT)'
>>> values = {'act' : 'login','login[email]' : 'abcdefg@xyz.com','login[password]' :
'abcd123'}
>>> headers = { 'User-Agent' : user_agent }
>>> data = urllib.parse.urlencode(values)
>>> rqst = urllib.request.Request(url, data, headers)
>>> resp = urllib.request.urlopen(rqst)
>>> the_page = resp.read()
>>> print(the_page.decode("utf8"))
```

5. urllib.error 模块与异常处理

urllib.error 主要处理由 urllib.request 抛出的两类异常：URLError 和 HTTPError。

（1）URLError 异常

通常引起 URLError 的原因是无网络连接（没有到目标服务器的路由）和访问的目标服务器不存在。此时，异常对象会有 reason 属性。这个属性是一个二元元组：（错误码，错误原因）。

代码 5-25 捕获 URLError 的代码片段。

```
>>> from urllib import request,error
>>> url = 'http://www.baidu.com'
>>> try:
    reps = request.urlopen(url)
except error.URLError as e:
    print(e.reason)
```

（2）HTTPError

HTTPError 异常是 URLError 的一个子类，只有在访问 HTTP 类型的 URL 时，才会引起。

如前所述，每一个从服务器返回的 HTTP 响应都带有一个二位数字组成的状态码。其中，100～299 表示成功，300～399 是 urllib.error 模块默认的处理程序可以处理的重定向状态。所以，能够引起 HTTPError 异常的状态码范围是 400～599。当引起错误时，服务器会返回 HTTP 错误码和错误页面。

HTTPError 异常的实例对象包含一个整数类型的 code 属性成员，用以表示服务器返回的错误状态码；此外还包含有 read、geturl、info 等方法。

代码 5-26 捕获 HTTPError 的代码片段。

```
>>> from urllib import request,error
>>> url = 'http://news.jiangnan.edu.cn/info/1081/49056.htm'
>>> try:
    reps = request.urlopen(url)
except error.HTTPError as e:
    print(e.code)
    print(e.read())
```

6. webbrowser 模块

webbrowser 模块提供了展示基于 Web 文档的高层接口，供在 Python 环境下进行 URL 访问管理。webbrowser 模块的常用方法见表 5.17。

表 5.17　webbrowser 模块的常用方法

方　　法	说　　明
webbrowser.open(url, new = 0, autoraise = True)	在系统的默认浏览器中访问 URL 地址
webbrowser.open_new(url)	相当于 open(url, 1)
webbrowser.open_new_tab(url)	相当于 open(url, 2)
webbrowser.get()	获取到系统浏览器的操作对象
webbrowser.register()	注册浏览器类型

参数说明：

1）new 只用于 open 方法中，用于说明是否在新的浏览器窗口中打开指定的 URL，在 0、1、2 中取值。

new=0，URL 会在同一个浏览器窗口中打开。

new=1，新的浏览器窗口会被打开。

new=2，新的浏览器 TAB 会被打开。

2）autoraise 参数用于说明是否自动加注，取逻辑值。

代码 5-27 打开百度浏览器。

```
>>> import webbrowser
>>> webbrowser.open('www.baidu.com')
```

这样就可以打开一个百度页面了。

5.4.3　爬虫框架 scrapy

scrapy 是一个为了爬取网站数据，提取结构性数据而编写的应用框架。它提供了各种中间件接口，用户只需要少量代码就能够快速的抓取到数据内容，可用在数据挖掘，信息处理或存储历史数据等一系列的程序中。

1. scrapy 组成与工作过程

图 5.15 为 scrapy 的机体组成结构。它由 Scheduler（调度器）、Downloader（下载器）、Spiders（爬虫）及其它们的中间件（Middlewares）、Item Pipeline（实体管道）与 Scrapy Engine（引擎）连接组成。

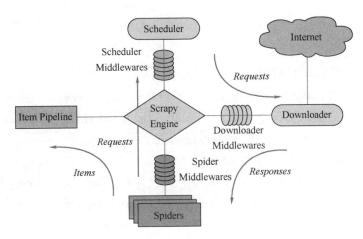

图 5.15 scrapy 的机体组成结构

1）Scrapy Engine：引擎，框架核心，用来处理整个系统的数据流，触发事务。

2）Scheduler：调度器，用来接受引擎发过来的请求，压入队列中，并在引擎再次请求的时候返回，可以想象成一个 URL（欲抓取网页网址或链接）的优先队列，由它来决定下一个要抓取的网址是什么，同时去除重复的网址。

3）Downloader：下载器，用于下载网页内容，并将网页内容返回给蜘蛛。

4）Spiders：爬虫，用于从特定的网页中抽取自己需要的信息——实体（Item）。

5）Item Pipeline：实体管道，主要的功能是持久化实体、验证实体的有效性、清除不需要的信息。

6）Downloader Middlewares、Spider Middlewares 和 Scheduler Middewares 分别用于处理下载器、爬虫和调度器与 Scrapy 引擎之间的请求及响应。

2. scrapy 的工作流程

1）引擎从调度器中取出一个链接（URL）用于接下来的抓取。

2）引擎把 URL 封装成一个请求（Request）传给下载器。

3）下载器把资源下载下来，并封装成应答包（Response）。

4）爬虫解析 Response。

5）若解析出的是实体（Item），则交给实体管道进行进一步的处理。

6）若解析出的是链接（URL），则交给调度器等待抓取。

3. scrapy 编程过程

（1）创建项目

```
scrapy startproject 项目名
```

（2）创建爬虫

```
scrapy genspider spider名称 网站域名
```

创建后会生成一个包含文件名的 spider 类，其中有三个属性和一个方法。

三个属性：

❑ name：每个项目唯一的名字。

❑ allow_domains：允许爬取的域名。

❑ start_urls：在启动时爬取的 URL 列表。

一个方法：利用 parse()函数，这个方法是负责解析返回的响应、提取数据或进一步生成要处理的请求。默认情况下，被调用 start_urls 里面的链接构成的请求完成下载执行后，返回的响应就会作为唯一的参数传递给这个函数。

（3）创建与使用 Item

1）Item 是保存爬虫的容器，其用法与字典较类似。Item 继承 scrapy.Item 类且定义类型是 scrapy.Field 字段，获取到的内容有 text、author、tags 等。

代码 5-28　Item 定义格式示例。

```
import scrapy
class spider名Item(scrapy.Item):
    text=scrapy.Field()
    author=scrapy.Field()
    tags=scrapy.Field()
```

2）解析 response。在 scrapy.Item 类中可以直接对 response 变量包含的内容进行解析

❑ divclass名.css('.text')：取有此标签的节点。

❑ divclass名.css('.text::text')：取正文内容。

❑ divclass名.css('.text').extract()：获取整个列表。

❑ divclass名.css('.text::text').extract()：取整个列表的内容。

❑ divclass名.css('.text::text').extract_first()：取第一个。

对新创建的 spider 进行改写

代码 5-29　改写新创建 spider 的代码。

```
import scrapy
from 项目名.item import spider名Item
class spider名Spider(scrapy.Spider):
    name = '爬虫名'
    allow_domains = ["quotes.toscrape.com"]
    start_urls = ["http://quotes.toscrape.com"]

    def parse(self,response):
        r = response.css('.quote')
        for i in r:
            item = spider名Item()
```

```
        item['text']=i.css['.text::text'].extract_first()
        item['author']=i.css['.author::text'].extract_first()
        item['tags']=i.css('.tags .tag::text').extract_first()
        yield item
```

说明：关键字 yieid 相当于 return，执行函数的返回。但所返回的是迭代序列中的一个数据。

代码 5-30　后续的页面抓取代码。

```
class spider名Spider(scrapy.Spider):
    name = '爬虫名'
    allow_domains = ["quotes.toscrape.com"]
    start_urls = ["http://quotes.toscrape.com"]

    def parse(self,response):
        r = response.css('.quote')
        for i in r:
            item = spider名Item()
            item['text']=i.css['.text::text'].extract_first()
            item['author']=i.css['.author::text'].extract_first()
            item['tags']=i.css('.tags .tag::text').extract_first()
            yield item

        next_page=response.css('.pager .next a::attr("href")').extract_first()
        url=response.urljoin(next_page)
        yield scrapy.Request(url=url,callback=self.parse) #url是请求链接,callback
                                                          是回调函数
```

说明：当指定了回调函数的请求完成之后，获取到响应，引擎将把这个响应作为参数传递给回调函数，回调函数将进行解析或生成下一个请求。

（4）创建与使用 spider

1）创建 spider，代码如下：

```
scrapy crawl spider名
```

2）保存到 JSON 文件。

代码 5-31　保存到 JSON 文件的代码。

```
#保存到 JSON 文件
scrapy crawl spider名 -o spider名.json      # 输入
# 输出
scrapy crawl spider名 -o spider名.jl
scrapy crawl spider名 -o spider名.jsonlines
scrapy crawl spider名 -o spider名.csv
scrapy crawl spider名 -o spider名.pickle
scrapy crawl spider名 -o spider名.xml
scrapy crawl spider名 -o spider名.marshal
scrapy crawl spider名 -o ftp://username:password@.../spider名.xml
```

（5）使用 Item Pipeline

如果想存入到数据库或筛选有用的 Item，此时需要用到用户自己定义的 Item

Pipeline。一般使用 Item Pipeline 进行如下操作：

❑ 清理 HTML 数据。

❑ 验证爬取数据，检查爬取字段。

❑ 查重并丢弃重复内容。

❑ 将爬取结果保存到数据库。

代码 5-32 在 pipelines.py 文件中编写的代码。

```python
import pymongo
from scrapy.exceptions import DropItem
class TextPipeline(obj):
    def __init__(self):
        self.limit=50

    def process_item(self,item,spider):
        if item['text']:
            if len(item['text']) > self.limit:
                item['text'] = item['text'][0:self.limit].rstrip()+'...'
            return item
        else:
            return DropItem('Missing Text')

class MongoPipeline(obj):
    def __init__(self,mongo_uri,mongo_db):
        self.mongo_uri=mongo_uri
        self.mongo_db=mongo_db

    @classmethod
    def from_crawler(cls,crawl):
        return cls(
            mongo_uri=crawler.settings.get('MONGO_URI'),
            mongo_db=crawler.settings.get('MONGO_DB')
        )

    def open_spider(self,spider):
        self.client = pymongo.MongoClient(self.mongo_uri)
        self.db = self.client[self.mongo_db]

    def process_item(self,item,spider):
        name = item.__class__.__name__
        self.db[name].insert(dict(item))
        return item

    def close_spider(self,spider):
        self.client.close()
```

代码 5-33 在 settings.py 中编写的代码。

```python
ITEM_PIPELINES = {
    '项目名.pipelines.TextPipeline':300,
    '项目名.pipelines.MongoPipeline':400,
}
MONGO_URI = 'localhost'
MONGO_DB = '项目名'
```

4. 经典案例赏析

链 5-10　用 Scrapy 抓取慕
课网的课程信息

链 5-11　新浪网分类资讯
爬虫

链 5-12　爬虫三大案例实
战分享

习题 5.4

1. 选择题

（1）下列关于 TCP 与 UDP 的说法中，正确的是_____。

A. TCP 与 UDP 都是面向连接的传输

B. TCP 与 UDP 都不是面向连接的传输

C. TCP 是面向连接的传输，UDP 不是

D. UDP 是面向连接的传输，TCP 不是

（2）下列关于 C/S 模式的说法中，错误的是_____。

A. 客户端先工作，等待服务器端发起连接请求

B. 服务器端先工作，等待客户端发起连接请求

C. 服务器端是资源提供端，客户端是资源消费端

D. 一个通信过程服务器端是被动端，客户端是主动端

（3）下列关于 Socket 的说法中，最正确的是_____。

A. Socket 是建立在运输层与应用层之间的套接层，它封装了运输层和网际层的细节

B. Socket = IP 地址+端口号

C. Socket 就是端口号

D. Socket 就是 IP 地址

（4）下列关于超文本的说法中，正确的是_____。

A. 超文本就是文本与非文本的组合

B. 超文本就是多媒体文本

C. 超文本就是具有相互链接信息的文字

D. 以上说法都不对

（5）下列关于 B/S 的说法中，正确的是_____。

A. B/S = Basic/System　　　　　　　　B. B/S = Byte/Section

C. B/S = Break/Secrecy　　　　　　　　D. B/S = Browser/Server

（6）下列关于 HTTP 与 HTTPS 的说法中，不正确的是_____。

A. HTTP 连接简单，HTTPS 安全

B. HTTP 传送明文，HTTPS 传送密文

C. HTTP 有状态，HTTPS 无状态

D. HTTP 的端口号为 80，HTTPS 的端口号为 443

（7）下列关于 HTTP 状态码的说法中，正确的是_____。

A. HTTP 状态码是 3 位数字码　　　　　　　　B. HTTP 状态码是 4 位数字码

C. HTTP 状态码是 3 位字符码　　　　　　　　D. HTTP 状态码是 4 位字符码

（8）下列关于 GET 方法和 POST 方法的说法中，不正确的是_____。

A. GET 方法是将数据作为 URL 的一部分提交，POST 方法是将数据与 URL 分开独立提交

B. GET 方法是一种数据安全提交，POST 方法是一种不太安全的数据提交

C. GET 方法对提交的数据长度有限制，POST 方法没有

D. GET 方法适合敏感数据提交，POST 方法适合非敏感数据提交

2. 程序设计题

（1）编写一个同学之间相互聊天的程序。

（2）编写代码，读取本校网页上的一篇报道。

（3）编写代码，从 Python 登录自己的信箱。

3. 资料收集题

（1）收集支持 Python Web 开发的模块，写出每个模块的特点。

（2）收集支持 Python Web 开发的模块应用的关键代码段。

（3）收集支持 Python 网络开发的模块，对每个模块进行概要介绍。

5.5　Python 大数据处理

5.5.1　大数据及其特征

1. 大数据概念的提出

数据是信息描述和记录的载体。人类会从数据中挖掘信息，在实践中不断扩大可以获取信息的数据范围，不断改进自己从数据中挖掘信息的技术，不断提高挖掘信息的效率，从而不断加深对于客观世界的认识，促进科学的发展、技术的进步。所有科学体系的建立、技术的改良，几乎都是从数据发现中起步的。有些通过一定数量的观察，经过推理，再经过少量数据验证，精确定义了事物的确定性规律；有些通过多次试验，从收敛的结果中，找到了解决问题的基本方法；有些则是从长期不懈的试验中，不断总结，找出了问题求解的近似方法。可以说，人类基本上解决了用少量数据，或者相对有限数量的数据可以求解的问题。还有许多问题，由于数据量不够，或者受其中有些数据可用时间的限制，无法从中发现所隐藏的事物规律或解题方法。随着电子数字计算机的出现，特别是随着计算机网络的广泛应用，这类问题开始有了转机。

计算机计算速度快，可以把过去需要几个月、几年、几十年甚至上百年需要的观察、计算、实验验证、数据处理过程，用模型归纳、仿真模拟的形式，通过迭代计算、分布式计算、并行计算的方式在极短时间内展示在人们面前。

另一方面，计算机网络连接了几乎全世界所有的计算机，特别是 Web 技术的广泛应用，给人们提供了快捷、便利的交流手段，使数据在交互中急剧增长。据国际数据公司（IDC）的研究结果表明，2013～2017 年，全球数据增长了 30%～50%，Intel 公司预测，到 2020 年，全球数据量将达到 44ZB（$1ZB = 10^9TB = 10^{12}GB$），而中国产生的数据量将达到 8ZB。面对爆炸式增长的数据，有人将之视为洪水泛滥，显得惊慌失措。因为，巨大的数据量，虽然可以使人们在极短的时间内获得过去需要几个月、几年、几十年、几百年，甚至上千年积累的数据，但其中包含了大量的无用数据，泥沙俱下，增加了处理的难度，而且价值密度低。以视频为例，连续不间断监控过程中，可能有用的数据仅仅有一两秒。但是也有人认为，虽然泥沙浑浊，但也是一展身手、沙里淘金机会。不过，一个新的时代已经到来，人们称之为"大数据"（big data）时代。

2. 大数据的定义与特征

与任何新概念的出现一样，科学家总是企图给它一个可以经得起推敲的、公认的解释，技术专家则期望给它一个技术实现的轮廓，而企业家总是希望给它一个有关市场价值的说明。不同的认识角度、不同的知识领域、不同的目的和期望，使人们对于同一件事物，可以得到有差异甚至大相径庭的结论。对于大数据的定义也是这样众说纷纭。下面略举几例。

1）大数据=海量数据+复杂类型的数据

2）大数据= A + B + C：Big Analytic（大分析）+ Big Bandwidth（大带宽）+ Big Content（大内容）。

3）大数据= 3V：Variety（多样性）、Volume（体量大）和 Velocity（速度快）。

4）大数据= 4V：3V + Value（价值密度低）。

5）大数据= 4V + 1C: Volume + Variety + Velocity + Vitality（活力强）+ Complexity（复杂性高）。

不过，迄今为止人们已经在以下三个方面对大数据的特征取得了比较一致的认可。

1）数据体量巨大。在近 20 多年间，需要处理的数据从 TB 级别，跃升到 PB 甚至 EB、ZB 级别。这么巨大的数据量，往往不能一次调入内存计算，需要开发新的外存算法，或者需要多台计算机协同计算——进行云计算。

2）数据类型繁多。随着计算机应用领域的扩大，需要处理的数据越来越多样化。在 20 世纪 90 年代，计算机处理的数据基本上是结构化数据（行数据，存储在数据库中），可以用二维表结构来逻辑表达实现。而迄今，非结构化数据大量涌现，例如图片、图像、音频、视频、邮件、微信、微博、网络日志和地理位置等。而传统的 SQL 数据库只适合处理结构化数据，为了处理非结构化数据，就要开发非 SQL 数据库技术。

3）价值密度低。大量数据的涌现，无关数据、无用数据、虚假数据充斥其中，使数据呈现不完整（缺少感兴趣的属性）、不一致（有矛盾或重复数据）、有噪声（数据中存在着错误或异常——偏离期望值的数据）、有遗漏的"肮脏"状态，大大降低了数据的价值密度。这也给计算添加了难度，需要把大量精力花费在数据的"清洗"等预处理上面。

5.5.2 大数据计算特点

大数据计算的特点可以分别从算法思想和计算模式两个方面概括。

1. 大数据算法思想

算法是关于问题求解思路的描述，是程序的灵魂。大数据的大体量、大内容、多类型、高速度、低价值特征决定了它的处理难度，也迫使人们探索不同的求解思路，因而产生了如下一些算法思想：

1）由于大数据难于全部放入内存中计算，为此考虑基于少量的数据处理算法——空间亚线性算法和外存算法。

2）由于单机计算能力的限制，为此必须采用并行处理算法——并行算法。

3）由于大数据处理时要访问全部数据时间会很长，为此开发出访问部分数据算法——时间亚线性算法。

4）由于计算机能力不足或者知识不足，需要在某些地方请人来帮忙，为此开发出众包算法。

2. 大数据计算模式

按照应用环境，大数据计算可以有图 5.16 所示的两种不同模式。

1）批量计算（batch computing）模式。

2）流式计算（stream computing）模式。

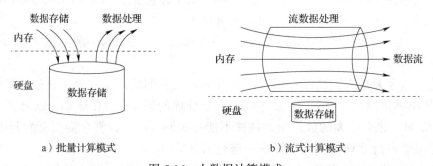

a）批量计算模式　　　　　　　　b）流式计算模式

图 5.16　大数据计算模式

（1）批量计算模式

批量计算的特点是先存储，然后对存储的静态数据进行集中计算。这种模式主要应用于实时性要求不高，而对数据的准确性、全面性要求较高的应用场景。著名的 Hadoop 就是典型的大数据批量计算架构。它由分布式文件系统（HDFS）负责静态数据的存储，并通过 MapReduce 将计算逻辑分配到各数据节点进行数据计算和价值发现。

MapReduce 是一种编程模型，用于大数据集（大于 1TB）的并行运算。HDFS 的 MapReduce 如图 5.17 所示，它可以将一个或几个大数据集中的键值对映射（map）为成百上千个小数据集中的新键值对；每个或若干个小数据集分别由集群中的一个节点进行处理并生成中间结果；然后又将中间结果进行规约（reduce）——合并，形成最终结果。通过 map 和 reduce 两个环节，可以使不会分布式并行编程的人员，也能方便地将自己的程序运行在分布式系统上，进行大数据的分组计算。

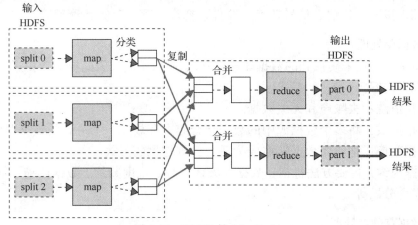

图 5.17　HDFS 的 MapReduce

（2）流式计算模式

流式计算是一种边计算边存储的模式，主要用于实时性强，但对计算精度要求不高的环境。在这种环境中，例如使用爬虫抓获的网页数据时，无法确定数据的到来时刻和到来顺序，也无法将全部数据存储起来。因此，就可以在流动数据到来后，在内存中直接进行数据的实时计算。由于计算的数据往往是最近一个时间窗口内的数据，因此数据延迟往往较短；但由于数据不全面，所以数据的精确程度往往较低。

如图 5.18 所示，Twitter 的 Storm 如处理流水，来一点处理一点。这种模式可以在流处理中实时处理消息并更新数据库，也可被用于"连续计算"（continuous computation），对数据流做连续查询，在计算时就将结果以流的形式输出给用户。

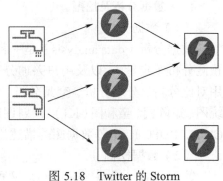

图 5.18　Twitter 的 Storm

在流式计算中，有如下三种数据传递形式。

1）最多一次（at-most-once）：最多一次说明有些数据没有传递到就丢失了，这是最不理想的情形。

2）最少一次（at-least-once）：数据可能会再次发送，这样可以保证数据都被收到，但在没有丢失的情况下，会产生冗余。

3）恰好一次（exactly-once）：每条消息都被发送过一次且仅仅一次，即没有丢失数据，也没有冗余数据。这是最理想情况，但很难保证。

5.5.3　大数据处理过程

通常，大数据处理过程由大数据采集、大数据预处理、大数据存储及管理、大数据分析及挖掘、大数据展现与应用（大数据检索、大数据可视化、大数据应用、大数据安全等）等环节组成。

1. 大数据采集

大数据采集用于实现对结构化、半结构化、非结构化的海量数据进行智能化识别、定位、跟踪、接入、传输、信号转换、监控、初步处理、存储和管理等。

2. 大数据预处理

一般说来，直接采集得到的数据比较"脏"，质量不高。为此要对数据进行预处理，主要包括以下内容。

1）数据清洗：去噪声和无关数据。

2）数据集成：将多个数据源中的数据结合起来存放在一个一致的数据存储中。

3）数据变换：把原始数据转换成为适合数据挖掘的形式。

4）数据规约：主要方法包括：数据立方体聚集、维度归约、数据压缩、数值归约、离散化和概念分层等。

3. 大数据存储及管理

大数据存储与管理要用存储器把采集到的数据存储起来，建立相应的数据库，并进行管理和调用，主要解决大数据的可存储、可表示、可处理、可靠性及有效传输等几个关键问题。

大数据数据库可分为关系型数据库、非关系型数据库以及数据库缓存系统。其中，非关系型数据库主要指的是 NoSQL 数据库，分为键值数据库、列存数据库、图存数据库以及文档数据库等类型。

大数据管理的核心是安全技术，包括内容隐私保护和控制、数据真伪识别和取证、数据持有完整性验证、数据销毁、透明加解密、分布式访问控制、数据审计等。

4. 大数据分析及挖掘

（1）数据分析

数据分析（data analysis）是一种目标明确的数据处理，包括现状分析、原因分析、预测分析（定量），以及用户兴趣分析、网络行为分析、情感语义分析等。目前主要采用对比分析、分组分析、交叉分析、回归分析等常用分析方法，并将结果用关联图、系统图、矩阵图、亲和图（KJ）、计划评审技术、过程决策程序图（Process Decision Program Chart，PDPC）、矩阵数据图等描述出来，并通过与业务结合的解读，对决策提供参考。

（2）数据挖掘

数据挖掘（data mining），又称资料探勘、数据采矿，是指从大量的、不完全的、有噪声的、模糊的、随机的实际应用数据中，提取隐含在其中的、人们事先不知道的、但又是潜在有用的信息和知识的过程。数据挖掘涉及的技术方法很多，包括了决策树、神经网络、关联规则、聚类分析以及机器学习等，重点在寻找未知的模式与规律。

链 5-13 从一组看似混乱的数据中找出 y ≈ 2x 的规律

5. 大数据结果展现与应用

大数据结果应当根据应用目的，以适合的形式展现。主要的形式有以下几种：

1）报表展现：包括数据报表、矩阵、图形和自定义格式的报表。

2）图形化展现：提供曲线、饼图、堆积图、鱼骨分析图等，宏观地展现模型数据的分布情况和发展趋势。

3）关键业绩指标（Key Performance Indicators，KPI）展现：提供表格式、走势图式或自定义式绩效查看方式。

4）查询展现：按照查询条件和查询内容，以表格形式汇总查询结果。

5.5.4　大数据处理模块

1. 数据分析模块

1）numpy 和 scipy：科学计算模块，提供向量矩阵计算、优化、随机数生成等。

2）pandas：依赖于 numpy 和 sciepy，主要用于数据分析，数据预处理以及基本的作图，这个包不涉及复杂的模型。

3）statsmodels：统计包，设计各种统计模型，包括回归、广义回归、假设检验等，结果类似于 R 语言，会给出各种检验结果。

如果是分析环境的话，可以考虑 spyder 和 ipython notebook 模块，其中 ipython notebook 可以把代码、结果以及报告同时结合在一起，类似于 R 语言的 Rmarkdown。

2. 数据可视化模块

最常用的 matplotlib 用于科学制图，已经集成在 pandas 里。此外，ggplot2 是在 R 语言下的绘图模块，不过也支持 Python。

3. 数据存储模块

一般都用数据库，也可以用 cPickle 直接把数据保存成文本，以后使用直接 load 就可以。此外，Python 内置了 spqlite3 数据库的，可以直接使用。对于复杂的数据，可以使用数据库接口的，包括 hadoop。

5.5.5　大数据开发案例鉴赏

链 5-14　用 Python 实现一个大数据搜索引擎　　链 5-15　Python 大数据处理模块 Pandas　　链 5-16　用 Python 实现一个简单的猜猜我像哪个明星

习题 5.5

1. 选择题

（1）以下说法中错误的是_____。

A. 大数据是一种思维方式　　　　　　　　B. 大数据不仅仅是数据的体量大

C. 大数据会带来机器智能　　　　　　　　D. 大数据的英语是 large data

（2）下列计算机存储容量单位换算公式中，正确的是_____。

A. 1KB = 1024 B　　　　　　　　　　　　B. 1KB = 1000 B

C. 1GB = 1000 KB　　　　　　　　　　　D. 1GB = 1024 KB

2. 判断题

（1）数据挖掘的主要任务是从数据中发现潜在规则，以更好地完成描述数据、预测数据等任务。
（　　　）

（2）噪声和伪像是数据错误这一相同表述的两种叫法。（　　　）

（3）分类和回归都可用于预测，分类的输出是离散的类别值，而回归的输出是连续数值。（　　　）

3. 资料收集题

（1）列举身边的大数据。

（2）收集 Python 关于大数据处理的模块。

附录

二维码链接目录

参 考 文 献

［1］　Wesley J Chun. Python 核心编程［M］. 宋吉广. 译. 2 版. 北京：人民邮电出版社，2008.

［2］　周伟，宗杰，等. Python 开发技术详解［M］. 北京：机械工业出版社，2009.

［3］　Luke Sneeinger. Python 高级编程［M］. 宋沄剑，刘磊，译. 北京：清华大学出版社，2016.

［4］　张基温. Python 大学教程［M］. 北京：清华大学出版社，2018.